青心文化
Spiritual Culture

在阅读中疗愈 · 在疗愈中成长
READING & HEALING & GROWING

取行动
梦想才生动

李婉萍 / 著

梦想清单训练手册

DREAMLIST

DREAM IT

DO IT

中国青年出版社

李婉萍

梦想清单理论体系发明者、梦想清单首席讲师、行动派联合创始人、行动派社群首席运营官、曾受邀参与 TEDx、一刻、日本 Pecha kucha 等平台演讲。

DREAM IT
DO IT

通过制定梦想清单和互帮互助的形式，在一年内实现了人生的转变，从迷茫者蜕变为造梦者，并在 2014 年创办了行动派社群，用"学习，行动，分享"的理念，影响了中国 200 个城市、海外 9 个国家的新青年，每月开展的线下活动人数可挤满一座红磡体育馆。

作为梦想清单的传播者，＃梦想清单＃微博话题阅读量超过 5000 万，帮助超过近万名青年找到并实现了他们的梦想清单，走出了人生的迷茫。以"分享改变世界，行动改变未来"为愿景，期望带领更多的青年找到人生的梦想，让每一个人都能成为和谐互爱、共同创造的逐梦者。

DREAM IT DO IT

Sandy Xu （徐姑娘）

1994 年 5 月 28 日出生于山东青岛，现定居于奥克兰，插画家，工作室主理人，音乐唱作人。

常以"徐姑娘"之名为大家所熟知，作为插画家，"发现美好，收藏温暖"是 Sandy 的创作理念。她的个性和画风一样，是一个温暖并喜欢不断带给别人惊喜的人。她常用"就按照自己的心意，努力生活吧"鼓励自己，并努力保持着对生活的好奇和敬畏，喜欢纯粹、真实的事物，也常常容易被小事感动。希望通过作品照亮、温暖更多可爱的人。

DREAM
IT

目 录  Contents

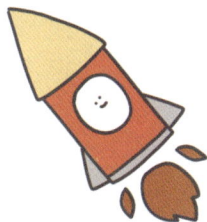

第 三 篇 ——————————————— 造梦 **239**

活在**梦想清单**的每一天，都是礼物

人生中最重要的事情之一，莫过于和婉萍一起创业，创立行动派社群。

从厦门这座城市悄然萌芽，然后搬到深圳有了上千平方米的办公空间，又在东京设立了中心。我们从读书会开始发展，如今行动派社群作为国内首个共益性社群发展至今依然蓬勃有力，300多万爱学习的年轻人和我们在一起践行梦想清单，社群覆盖10个国家、200多个城市伙伴圈、145个洋葱阅读读书会、50多个手帐小组……每年累积的自发组织的学习活动超过了3000场，短短四年生长成了枝繁叶茂、自成生态的小森林。

一切看似多么不可思议，然而这就是一个真实的通过学习、行动、分享，就默默拥有了美好大世界的梦想清单的践行故事，这个理念的发起源于我们日常成长的总结提炼，而发扬光大则属于行动派社群在全球各地每一位充满行动力的小伙伴，属于此时此刻看到这本书的你。

正知正念正能量，善心善行行动派。内心的起心动念会投射在生活中，将怦然心动的画面用文字、用图片视觉化，写下自己的梦想清单。在姐妹同修会时期，受李欣频老师的影响，我开始以每年记录梦想清单的方式，和我当时的朋友们，不断地校准人生的坐标系。

我非常感谢李欣频老师，是她给我种下了梦想清单的种子，从决心要践行之日起，世界已然改变。我从第一年实现了十几个梦想清单，到后来每年可以实现一百多个梦想清单，人生仅仅只是在每日的实践的过程中，就悄然地发生了巨大的变化，从媒体的编辑到城市文化的引领者之一，从分享会到国际千人论坛，从小城影响力跨越到全国百万影响力的新媒体人，从初期创业到获得国内一线的天使基金，从厦门跨越到深圳、东京等等……曾经想过的平凡一生在拥有梦想清单以后变成了五彩斑斓的未来。

所以我很快乐。

因为我的每一天都活在梦想清单里。

我和婉萍在大量实践后，总结出了六字箴言，也形成系统的方法论，这期间，梦想清单这个理念也帮助了无数人活出了新的可能性。为了帮助更多人，婉萍和教研团队开发了梦想清单全国巡回公益课程，无论走到哪里，都受到很多年轻人的欢迎，哪怕是许多年轻人的家长们上过这门课后都十分惊叹，面对人生也有了可以再次创造可能性的信心，激发了内心深处真正的梦想，那是一个人生命热情的源泉。

敢不敢对自己的人生年表做一次彻底的大复盘？在家里最显眼的地方挂上你亲手制作的梦想板，每天早上一睁开眼就和理想中的生活蓝图来个大大的拥抱，然后让它帮助你，成为你自己。如果有机会，我非常推荐你来梦想清单的课堂走一趟，亲身感受梦想围绕身旁的感觉，亲身画出你的愿景板，感受梦想牵引的力量。

梦想清单在长年的实践和总结中，由理念逐步上升为个人成长中非常重要的理论体系。婉萍的《敢行动，梦想才生动：梦想清单训练手册》将这个理论体系做了一次深度全面的总结归纳，这不仅是一本书，而是经历过时间打磨出来的、闪着金边的未来之门的钥匙。

我很幸运在人生路上遇到婉萍这样的灵魂搭档，九年的时间，从好朋友到合伙人，我们一路践行梦想清单，也一路将梦想清单分享给更多人。这件事不仅是我们年轻时候在做的事，我们也打算一直把这件事情做到我们老去，我们的百年。

行动派既是一个可以走出国界连接世界青年的学习社群，也包含了一家有着肺腑初心的国际化教育公司，创业的路上未来我们会面对很多不可预测，将会有无数翻天覆地的机遇和挑战。但是有一点不会改变，就是我们俩从始至终追求"共益"，在这条路上有着近乎偏执的坚持，因为我们希望我们做的事业、社群一定是对伙伴有益的，对社会有益的，对国家有益的，是能让这个世界因此而变得更好的。这一点，会像梦想清单一样，用一生践行，用一生坚持。

这也是我们的梦想清单，只是时间长了点，也许是人的一百年吧。

我能想象到一幅画面：人生晚年，我婉和我都还在彼此的身边，一起鼓励和滋养，践行和分享，共益和共创。这世界上，最美好的事情就是遇见懂你的人，以及遇见一本可以创造生命奇迹的书。我无比笃定地相信，拥有梦想清单的人，无论你在哪里，都会获得丰盛富足，由内而外享受人生的热情和意义。一切美好都靠行动创造，那么就从这本书里开始学会如何写梦想清单开始吧!

行动创造丰盛,梦想带来伟大。活在梦想清单的每一天,都是礼物。

祝福你。

**DREAM IT
DO IT**

发现梦想，需要持续地学习、行动、分享

为什么说行动派"通过学习、行动、分享来实现梦想清单"的理念很好，因为这个理念启用了一个非常重要的概念，就是以学习作为一种导向，通过对我们人类的各种智慧的连接和对这些智慧的理解，找到自己生命的方向。有了这个方向，我们才能去行动。

在学习的引领下，就如同在一个正确方向的引领下行动一般，会是一种有效的行动。而行动后的分享，实际是对自己的一种强化，对自己通过这个行动所达到的生命境界的一种重复和对自己的再教育。

行动派的内涵里还有一个更深刻的东西，就是

在学习之前，怎么去学习？学习的意义在哪里？是用知识来武装，还是通过知识发酵出内在智慧的酵母？是通过知识引领自己内在的智慧？还是只是把知识作为一个在现实中使用的工具，而向外再找到自己的引领？

行动派所倡导的学习，是把我们人类的知识转变成内在的共鸣，这种学习所唤醒的是内在本自具足的智慧，是向内的探索与精进！

如果我们认为学到的知识是从外部拿到的，那么当这个从外部拿进来的知识在被拿出去分享的时候，会让人觉得这些知识有限。但如果学习所诱发出的是自己的内在智慧，那这种智慧在分享的过程中，实际上是对智慧的一种验证。

这个世界上真正的赢家，都是能够找到自己内在直觉和灵感的人，而当这种直觉和灵感在现实中被分享的时候，就会产生共鸣和共振。因为这些有创造性的思维、有创造性的理念与外界产生共振的时候，能够在现实中呈现。所以，分享相当于是一个升华的过程。

我们往往在现实中通过学习、行动后，产生自己真正的灵感和直觉，这其实比学到的知识要重要。但是这些东西是否能够被验证、能够被现实所接受则需要一个漫长的过程，而分享实际就是一个特别好的验证过程。你得到的灵感是否能够产生意识能量的共振，是否能够跟周围的事物产生互动，只有当有了共振和互动后，你的理念、想法才能在现实中实现。这个时空中的一切存在、相互作用都是能量的同频共振，而分享是产生同频共振的关键。如果你没有产生这种同频共振，不懂得分享，那么你的想法就都是空想。如果你的理念、你的灵感能够在现实中通过你的意识达到一定高度并产生同频共振，你就会起到引领的作用并产生真正的影响。

比如说《战狼2》，当时一位很著名的导演跟我聊天时提到，《战狼2》为什么能够掀起如此巨大的能量回应？是因为找到了一个非常符合这个时空的共振点，它以这个共振点的共振，带动了整个同频效应。事实上，所有事物之间的影响都是这样的，在分享的过程中，这是一种共振态，这种共振会形成想法与现实的连接。其实在这个宇宙空间里的能量结构，每一个生命的能量都是本自具足的，本自具足的能量只有在付出的时候是顺行的，是符合能量与流动之间的关系的。如果你想从外面拿，想从外面抓取这种能量，那么它就会被卡住。因此，分享是带着巨大的喜悦能量的，这种能量很顺畅，很符合这个宇宙空间能量自然流动的规律。

当你分享得越多，你的内在涌现得就越多，那么你在高维空间下载的通道就越通畅。如果有太多东西都积压在了你的内在，就会形成障碍，你会困在有限的知识结构里，会觉得这些东西是我的，我要守住这些自以为有价值的东西，但其实并不是这样，当你付出时，你的通道就通了。你不断地分享，智慧不断地涌进来，这就是佛教说的法布施，所以说"法布施得法"。你要不断分享，你的通道才会通畅，而且取之不尽，用之不竭。你的创造力会在你分享的过程中不断涌现，这也是我自己的一个深刻的体会。我在不断分享的过程中，把我自己讲明白了。分享的过程并不是要让别人明白我分享什么，而是让我不断地去打通内在的智慧。

让我们持续地学习、行动、分享吧，在不断实现梦想的过程中，体验生命的本自具足！

为什么是**行动派**来讲梦想清单？

梦想清单让我实现了个人的快速升级，与此同时，它也是行动派的内核。

八年前，我从一家传统机构辞职，进入了职场的低谷期，我完全不知道自己应该做什么。在人生最迷茫的时候，我参加了好朋友琦琦的姐妹同修会。令我没想到的是，那次活动彻底颠覆了我之后的人生。

在那次同修会上，主持人向我提了一个问题并邀请我起身回答，只记得当时的我缓缓地从位置上站起来，脑袋却一片空白，他问我："婉萍，你能分享一下过去的一整年你都做了什么吗？"

去年？一整年？我做了什么？我完全想不起来……见我如此尴尬，主持人只好解围："要不这样，你分享一下，明年一年你都打算做什么吧？"

　　主持人的这句话像一道闪电向我击来，我只能两眼迷茫地望着前方，因为那个当下，我的脑袋真的一片空白。琦琦看我如此尴尬，立刻站了起来，说："要不这样吧，我来和大家分享一下过去一年我做了什么，去年我过得非常精彩，我到泰国旅行蹦极，我给自己的人生买了第一份保险，我看了30本书和35部电影，我找到了一份自己喜欢的编辑工作，认识了三个非常贴心的朋友，学习了心理学课程，过去一年对于我来说，是系统提升的一年！"

　　接着，琦琦从她的包里掏出了一个本子，继续说道，"接下来，我和大家分享一下我明年的梦想清单吧，我准备在阅读的基础上，挑战50本书和50部电影，我还想给家人都投资一份保险，想拥有一个自己的小公寓，想邀请李欣频老师来厦门开课，我还想到韩国旅行……"

　　当时的我，就像一个小迷妹一样，看着身边的这位好朋友。为什么她的人生可以过得如此清晰且精彩，而自己就像迷失在森林里的旅人，无助又无奈？因为琦琦的这份梦想清单，我决定重新认识一下她。

当我向琦琦深入了解之后，我才发现：原来，有梦想清单的人生和没有梦想清单的人生差距竟然如此之大！在那个当下，我做了一个重要的决定：从今以后，我也要成为拥有梦想清单的人。

一眨眼，我已经写了八年的梦想清单，在这八年里，我的人生发生了翻天覆地的变化，我从一个无业游民变成了一名创业者，我实现了一个又一个梦想，与此同时，我也成立了全球华人青年互帮互助、实现梦想的学习型组织，启迪近百万的年轻人写下自己的梦想清单，用行动实现人生的梦想。看着身边越来越多的伙伴活出了全然不同的人生，这也让我更加坚定了"梦想清单是一个神奇的魔法工具"的信念。

就在去年（2018年），我有了一个新的突破——我希望把梦想清单整理成一个更具理论逻辑、框架更完整的公益课程，这样可以更好地帮助那些不了解梦想清单的人，点亮他们心中的那颗梦想之星。

但是，我并不是一个特别擅长做学术研究的人，但这并不会成为我行动的阻碍。我知道"专业的事要交给专业的人来做"，于是我找到了自己非常喜欢的一位老师——前诚品书店事业部运营长、台北故宫博物院顾问薛良凯老师。薛老师一天能看40本书，曾经获得台湾地区出版金鼎奖、数字出版奖等奖项，同时也帮助很多机构研发了各种各样的创意课程。我觉得薛老师一定能帮到我，于是我写下了一个梦想清单：开心地和薛老师一起完成梦想清单课程的板块构建。

有一天，我们公司负责新媒体的小伙伴邀请薛老师来公司做一次创意直播，我逮着机会冲到薛老师面前说出了我的这个梦想，薛老师说："我只有明天早上一个小时的时间，如果你能说服我，我就来帮助你！"

第二天，薛老师如约来到办公室，我直接向薛老师提出了我对于这个课程构建的想法，并与老师展开了讨论，讨论结束后，老师很震惊地说："我并没有答应帮你来做这个课程呀，你为什么直接就和我讨论想法呢？"我说："薛老师，您一定不会拒绝一个可以帮助到很多人的梦想清单吧！而且我已经看到，明年我们会在全国各地开设这样的公益课程了！"

薛老师哈哈大笑："为什么不呢，我们签约吧！"

我完全没想到，当我大胆地说出自己的梦想时，可以链接到这么优秀的老师，与我一起完成了梦想清单课程的设计，也正是因为有梦想清单公益课，才推动了《敢行动，梦想才生动：梦想清单训练手册》这本书的面世。

在这里，深深感谢薛老师一路上给予的帮助、鼓励和支持。如果没有他全然的信任，相信也不会有这样一本书的面世。

同时，非常感谢薛老师在这本书出版的过程中，设计了很多简单而有效的课程工具，这些工具也收录在了我们的书籍里，让更多小伙伴在阅读过程中，借用这些有趣的工具，一步步地去发现自己的梦想，并为这些梦想制定实际有效的行动计划。

这个时代，如果你有一个天赋，例如跑得快，那么恭喜你，通过不断练习，你可以成为这个领域的佼佼者。

可是，如果我没有这样的天赋怎么办？这时候，学会用工具，就显得特别重要，它可以让我们在即便没有发现自己的天赋的情况下，依然奔跑在路上。在这本书中，你将会得到很多这样的工具和练习的机会。

希望大家也能爱上这些工具，把它分享给更多的伙伴。在自己实现梦想的同时，也能够帮助身边的朋友实现他们的梦想，我相信，每一个人都可以成为自己人生的梦想规划师！

此刻，当你在看这本书时，我的梦想已经开花结果，我不仅在全国各地开设了梦想清单的公益课程，而且在首轮巡回时，就受到了日本的邀请，把中国的梦想带向亚洲。与此同时，我还把这个课程整理成了这一本书，与此刻正在阅读的你一起分享！

是的，梦想就是这么神奇，只要我们找对方法，勇敢行动，那么我们就行进在寻梦、圆梦和造梦的路上！欢迎你加入这趟造梦之旅，未来，让我们成为自己人生梦想的规划师，每一天都活在梦想开花的日子里！

为什么每个人都需要**梦想清单**？

1. 未来是梦想力的时代

过去：人类的历史就是一部梦想力的历史

回望人类的历史，就是一部想象力的历史。我们从远古的采集时代发展到如今的科技时代，大部分重要的节点都是依靠想象力推动的：因为看到鸟儿在天空飞翔，所以我们发明了飞机；因为看到鱼儿在水中遨游，所以我们发明了潜艇；因为想去探索月球的奥秘，所以我们跨入了航空时代。你会发现，我们的想象力永远走在科技前面，这说明，梦想就是促进我们发展的驱动力。

未来：急速变化的时代需要梦想力

以前的未来很远，而现在的未来很近；以前新闻发布的科技，看起来如此惊人，而现在每天上市的新产品，早已让我们见怪不怪。每件新发明的背后，一方面带来改写世界的能量，另一方面，新发明叠加于曾经新发明的结果，带来的是数倍的成长和超倍速的运行，于是，难以预测的变化就成了我们接下来十年、二十年、五十年甚至一辈子要面对的挑战。

如果可以给未来的发展下个定义，那就是"急剧变化"。未来的世界，变化的速度是难以预料的快，而且这种速度只会越来越快，这就要求我们在生活中更重视三件事：

❶目标的选择（列什么）：如何找到正确的事，迅速累积自己的资本。简单地说，就是运用天赋，做自己擅长并且能胜过其他人的事。

❷时间的运用（怎么列）：怎么善用更短的时间，做出更多的事。也就是说，学会更有效率地做事。

❸协同的能力（怎么实现）：是否可以和不同思维模式的小伙伴迅速地组成团队，协同大家去完成一项全新的任务。也就是你能够迅速地和不同类型的人融合搭档，这就要

求我们能够迅速地觉察到不同人的天赋优势，并将其合理地利用，迅速地在项目里找到自己的分工和定位，最终完成任务。

这些能力越早学会，就越早接近成功！

所谓"梦想力"，其实可以拆解为"想象力+计划力+行动力"，由此也就产生了我们这本书的框架：寻梦、圆梦、造梦，同时结合行动派实现梦想的六字箴言——"学习、行动、分享"。

在2016年的"看见未来国际教育论坛"上，华东师范大学崔允漷教授就曾指出，"梦想力"是二十一世纪最重要的素质之一。当我们站在知识付费的时代张望时，技能型课程层出不穷，但这些课程只能为我们的梦想增添柴火，更可惜的是，始终没有人教授我们最关键的那一步——如何点燃它。

这本书是专门写给"出发者"的。这里所说的"出发者"，不一定是指刚毕业的大学生，也可能是已经上班一段时间的职场工作者。无论目前是什么身份，"出发者"都有强烈想让自己变得更好的冲动。

本书累积了许多职场前辈的经验，如果拿旅游做比喻，这本书就是一本旅游秘籍，书中介绍了特色景点、快捷通道，介绍了他人的宝贵经验和准备指南。希望这本书，能带给你一个跨越障碍、实现梦想的机会。

现在，你准备好了吗？

2. 梦想的力量超乎想象

从时空的纬度看梦想让未来的自己帮助现在的自己

一天，一位大学生问了我一个问题——"我们就要毕业了，我们是应该考研还是工作呢？"我回问他，"你未来想要过什么样的人生？"他说，"未来，我还是特别希望能够自己去做有挑战的事情，成立一个创业公司，成为一名企业家，因为企业家那种多元的生活是我羡慕的。"

我说："那不就得了，那你就应该出来工作呀，你又不喜欢当老师，不喜欢那种稳定的生活，你去考研不就选择了自己不喜欢的生活吗？当你知道你未来想要成为一名伟大的企业家的时候，你就应该很清楚当下怎么去做选择了。"

所以，梦想其实就是让未来的自己帮助现在的自己做决定，这就是梦想的力量。

从平面的维度看梦想，是人生的地图

当我想邀请薛良凯老师和我一起完成《敢行动，梦想才生动：梦想清单训练手册》这本书时，我问了薛老师一个问题："您的人生是否感到过迷茫？"

他说，他人生唯一一次感到迷茫的时候，是一次说走就走的旅行。那一次，他完全没有准备攻略，当他来到一个陌生的国度，突然觉得自己真的好迷茫无助，因为完全不知道要去哪里，不知道哪里可以找到舒适的住所，哪里可以解决当时的饥肠辘辘。薛老师讲的这件事启发我从另一个角度看待梦想清单的意义。

梦想清单就像我们来到地球旅行时，手中握着的那一份地图。大家想象一下，如果现在我们去迪士尼游玩，但迪士尼完全不给我们任何旅游地图或者攻略，我们会有怎样的感觉？

我们会像无头苍蝇一样在迪士尼游荡，总是路过一些不喜欢的游玩项目，好不容易找到一个喜欢的，却发现早已大排长龙。路过各种小吃摊的时候没觉得饿，可等真的饿了的时候，却怎么也找不到一家餐厅……所以你看，没有地图，是多么痛苦的一件事啊！

因此，拥有一份清晰的地图是多么重要！在我们的人生旅途中，当我们感到迷茫无助的时候，也需要一份地图，那就是梦想清单。

我们总会遇到"我们未来到底可以去哪里？""还有哪些有意义的事情可以继续挑战？"等问题，而梦想清单就会在这个时候给我们提供清晰的指引，让我们更轻松地去探寻生命的种种美好。

第一篇

寻

梦

CHAPTER 1
了 解 自 己

恭喜你开始了梦想清单的旅程！但在真正书写梦想清单之前，你还需要做一件事情，那就是了解自己。

只有当你更准确地认清自己是谁、自己拥有哪些天赋和能力，才能找到最适合自己的土壤和跑道，才能大胆地去发挥和创造。

如果你是一匹千里马，可你却偏要和海豚比游泳，那很抱歉，你真的一点优势都没有。倘若你是一棵生长在沙地里的红豆杉，可你又非要和椰子树比高低，同样很抱歉，你很难比得过。

可能有人会说，我了解我自己啊，我都和自己生活这么多年了。可真的是这样吗？在写梦想清单的过程中，我发现，大家真的不太了解自己。比如，当我们大多数人被问到"你的优点是什么？"的时候，大部分的答案都是："我是一个积极乐观、健康向上、热爱生活的人。"可仔细想想，有谁不是积极乐观、健康向上、热爱生活的呢？

我们一生中最重要的事情之一，就是通过不断地尝试去认知自己，了解自己擅长什么，不擅长什么，把擅长的部分发挥到极致，然后选择最适合自己的领域。让千里马就在草原上奔跑，让红豆杉就在雨林中绽放！

所以，请先停下脚步，好好地思考，瞄准好了再发射！

1. 人生年表：让经验成为人生的跳板

当我们踏上实现梦想的旅程时，善于运用成功的经验就变得十分重要，它可以避免你失败的信号反复重播，让我们不犯同样的错误。

回想一下，小时候我们参加过的各种各样的考试，没考好的时候，我们都会看看哪里犯了错，哪个知识点没掌握，接着赶紧翻书好好复习，去纠正那个错误，以避免下一次在同样的问题上再次犯错，这样才可以取得更好的成绩。

但是，在人生的这场考试里，我们却很少在失意或失败的时候，认真地想想，我这次是因为什么而失败？我们也很少认真地复盘我们的错误，避免下一次在同样的问题上"摔跤"。

其实，回看我们的过去，总能发现其背后潜藏着的巨大礼物，不少经历都对我们的现在和未来有所启示，只是看我们是否愿意把这份礼物打开。

故事案例：
勇敢走出传统机构

当我从电视台辞职出来创业的时候，很多人问："为什么？"

因为在当时，主持人是令很多人羡慕的职业，而且我是当时厦门主持圈前几名的主持人，很多大型会议、名人演唱会、记者会都会邀请我主持。那么，我到底为什么要辞职？

是因为一个画面。记得当时在一片咖啡色的背景板前面，我们的主管站在台上，手指着我们说："看看你们这些小年轻交上来的是什么东西？"当时，我坐在下面看着她，忽然一首歌就在我的脑子里响起——《长大后我就成了你》。

当时我在想，继续在这里工作，真的一眼就望得到头，这位领导可能就是我未来最好的样子。当我想到未来，等我年老色衰，只能退居二线当个领导，而且这还是在最好的状态下，我觉得我真的一点也不想过现在的生活。但如果我放弃了这个"铁饭碗"，以后要怎么办呢？除了主持，我还能做什么？

在那段时间，我待在家里，做了自己的第一份人生年表。

过去，我获得过很多成功，也尝过失败的滋味，如果我能很好地整理它们，我想这会是一笔很大的财富。很多人会展望未来，但很少人会回望过去。当我们在现实生活中摔跤了，就好比是我们考试没有及格，如果你不反思，那么每次考试都会以失败告终。但如果想要及格，应该怎么做呢？首先应该做的，就是去复盘，思考一下之前没有考好的原因是什么，这样才能弥补缺陷通过考试。

人生年表，就是那个让我从传统机构勇敢出走，并成为一名创业者的梦想工具。我想，你也可以试试，去那些你经历过的地方，挖掘看看你人生潜藏着怎样巨大的礼物。

如何制作人生年表？

Step 1

来自过去的启示，用过去的经验探索你的个人特质

① 盘点你的成就：

回顾自己人生中重要的成就，写下具体的时间及事件，并思考之所以成功，是因为你拥有什么成功的品质？

② 盘点你遇到的挫折：

回顾人生中主要的挫折事件，写下具体的时间及事件，并思考之所以受挫，是因为你有哪些缺点？

回顾自己人生中重要的成就：

时 间	重要的成就	成功的品质
1986 年	第一次拿到奖	踏实认真
1990 年	跑步前三名	踏实认真
1994 年	买了自己的第一本书	爱学习
1996 年	第一次打工	勇于尝试
2005 年	第七次面试同一份工作	永不放弃

回顾人生中主要的挫折事件：

时　间	主要的挫折	令自己受挫的缺点
2005 年	第一次面试失败，大失败	自暴自弃
2008 年	第一次"开除"男朋友	自卑

　　我是在复盘了自己的人生年表之后，才发现了隐藏在成功和失败事件中的重要密码。

　　小时候，我的身体非常不好，村里的人都叫我"三类苗"。所谓三类苗，就是秧苗里品质最差的那一类，看起来病恹恹、可能很快就会夭折的禾苗。

　　我妈妈担心我的身体，想要提高我的身体素质，于是就把我送到少体校去学习武术。我记得我刚到少体校的时候，校长看了我一眼说："天哪，这骨瘦如柴的小姑娘，手一掰就要断了，根本不是练武的料呀，我建议你们还是不要来了！"

　　当时听完校长的话之后，我就暗暗在心里做了一个决定：无论多困难，我都要证明给你看，我是可以的！

　　练习武术的过程非常辛苦，我常常因为训练过度，只能在楼下喊妈妈背我上三楼。无数次，妈妈都劝我说："太辛苦了，还是放弃吧，我们只是为了强身健体，妈妈也没有指望你在这个领域取得什么成绩！"但是，我要遵守对自己的承诺，因此，我非常认真且坚持，从未想过放弃。终于，在

小学五年级时，我获得了福建省的少年组武术冠军。

上初中后，我妈妈又开始担心我，因为那时候的我像个假小子，她担心我以后会没有人要，嫁不掉！所以，她把我送到了舞蹈队，去学习怎样可以变得更像一个女生。我记得刚进舞蹈队的时候，也同样遭到老师的各种嫌弃，因为当时的我，无论怎么跳舞，都像练武术一样硬邦邦的！

但是，我知道，遇到困难的时候绝对不能放弃，最重要的是认真和坚持。我还清楚地记得，和我一个舞蹈队的好朋友芳芳，她曾经对我说："婉萍，我特别欣赏你的一点，是你在任何一次练习时，都把它当成正式演出一样，你从来都不偷懒！"经过一轮又一轮的突破，最终，我也因为在舞蹈方面的特长，以艺术特长生的名义，保送进了当地最好的高中。

回看我自己人生关于成功的关键字，就是在遇到任何困难的情况下都不放弃，认真、坚持、相信自己！这也成为后来我在工作上能够突飞猛进的重要密码，每当遇到各种各样的困难时，我都会告诉自己："没关系，机会来了，我将再一次突破自己的界限，只要我能够相信自己，认真地对待每一次挑战，我就一定能够达成目标！"

很多人都向我请教过，如何在谈判中取得对方的信任，并达成共识？成功的密码其实很简单，那就是绝对的认真。

自从创业后，我必须应对不少商业谈判。每次在谈判前，我都会很认真地去做功课，了解谈判对象企业的动态、文化和愿景，同时也会去关注每一个要和我谈判的对象，他们的朋友圈、微博、发表过的文章，深度了解他们，洞察他们可能的潜在需求。谈判的过程中，我会在双赢的条件下，更多地站在对方的立场考虑。你会发现，当你愿意去尊重别人，完全敞开为别人付出时，你会得到更多。

在我们的人生年表中，提取一下关于自己生命的关键字，哪些是我们成功的关键字？哪些是我们失败的关键字？在面对成功和失败时，不妨让这些关键字时刻鞭策自己！

将这些品质放进你的人生成长天平

①提炼核心品质：在"成就盘点表"中总结出最核心的3个成功品质。比如某个品质经常助你成功，某个品质使你实现的成就最大……

②总结关键缺点：在"受挫盘点表"中总结出最关键的3个缺点。比如某个缺点经常导致你失败，某个缺点让你有严重的挫败感……

③完成人生成长天平：分别将核心品质、关键缺点填于天平的左右两侧。在今后的日子里，也请有意识地弘扬核心品质，修正关键缺点，让自己的成长天平拥有越来越多的成就！

人生天平

弘扬核心品质，
让成就越来越多

踏实认真
爱学习
勇于尝试
永不放弃

小成就

Step3

时刻提醒自己

当我们找到了成长过程中成功与失败的密码之后，可以把这几个关键密码记在自己的手机备忘录里，或是写在自己常用的记事本的封面。每当我们面临选择或者迷茫无助的时候，就可以打开去看看这些成功与失败的密码，提醒自己，

修正关键缺点，
让缺点越来越少

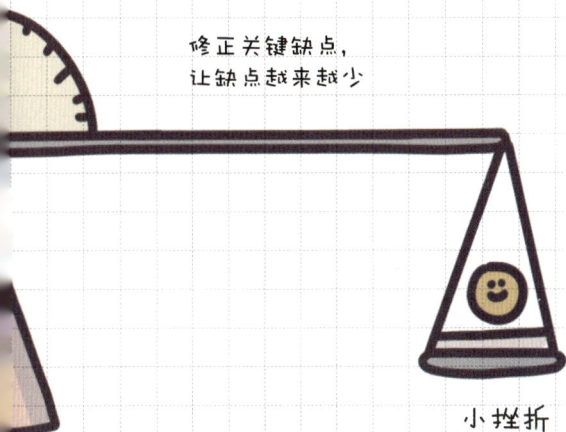

自暴自弃
自卑

小挫折

我们有哪些好的品质可以在成长的过程中更好地助力我们的
发展，同时也可以避免那些让我们失败的信号反复重播！运
用这些成长关键字，拿回自己人生的控制权吧！

来试着画出专属你自己的人生年表吧!

① 盘点你的成就:

回顾自己人生中重要的成就,写下具体的时间及事件,并思考之所以成功,是因为你拥有什么成功的品质?

② 盘点你遇到的挫折:

回顾人生中主要的挫折事件,写下具体的时间及事件,并思考之所以受挫,是因为你有哪些缺点?

时　间	重要的成就	成功的品质

时　间	主要的挫折	令自己受挫的缺点

2. 能力诊断：找到自己的天赋密码

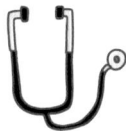

曾在盖洛普公司工作近二十年的马克斯·巴金汉（Marcus Buckingham），曾经做过多项职场绩效研究，权威研究中心"奎纳迪尔罗夫研究咨询机构（CrainerDearlove）"评选他为全球前五十名思想家（Thinkers50）之一。他在和唐诺·克里夫顿（Donald O. Clifton）合著的《发现我的天才》（Now, Discover Your Strengths）一书中提到，近乎完美的表现，都源于把天赋"磨亮"，而不在于把缺点改善。

马克斯·巴金汉说："我记得自己十八岁时，都没有认真坐下来去想自己喜欢什么，或者受到什么鼓舞，但我知道我的确被一些事情吸引。我相信我的"直觉"，所以研究所毕业后，我远离家人、朋友，从英国的剑桥搬到美国中部的内布拉斯加州，加入盖洛普工作。那时候，我不知道我的优势何在，但我知道我的直觉受到了吸引。

当人们使用自己的优势时，是很有力量的，可是有时你只是无意识地在使用它，让它自然地运作。一旦你开始有意识地去使用优势，它就会散发出强大的力量。

那么怎么进行能力诊断呢？这里有两个简单的步骤，可以帮助你顺利展开这场探索之旅。

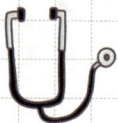

Step 1

认识能力

什么是能力？能力是你擅长做的事，能力是一个人在生活、工作中谋生的本事！

你需要重新看待能力这件事。

这是一个好问题	事实上应该是这样
能力与本科、在校成绩有关吗？	能力凌驾于学校教育之上，生活与学习需要的能力很多元，但是学校只教其中一部分。
能力从哪来？	能力包括天赋获得的、后天学习来的两种。
能力可以学会吗？	有些可以学会，有些就是没办法学会。

这是一个好问题	你该这样想才对！
能力与本科、在校成绩有关吗？	请相信你一定有某种特殊能力，你必须找到它！比如以下这些能力，学校测验都测不出来，而你可能就有其中之一。例如：鉴赏力、领导力、沟通力、专注力、竞争心态、信念、分析能力，等等。
能力从哪来？	很幸运，有人天生就具备一些能力，有人则是靠后天的努力学会的。
能力可以学会吗？	若你有某一方面的天赋，稍微点拨便会很强！若你一点天赋都没有，那即使再努力也成长有限。

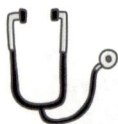

Step 2
辨识能力

找一个没有人干扰的地方，静下来好好思考这几个问题：

① 我有什么能力？

② 我哪些能力比别人强？

③ 我想要变成什么样的人？

如果你的答案是完全不知道，那么你现在，也该是现在，好好思考这三个问题了。

很多人会花比较多的时间在解决别人制造的问题上，其次才是将时间用在解决自己制造的问题上，最后有闲暇时间才思考自己的问题。

难以辨识的问题，往往都是真正的问题所在。你该停下脚步，好好思考以上这三个问题。

别担心，你可以在这些地方找到蛛丝马迹！找出自己的能力是什么！

这些问题值得你反复思索	天赋的蛛丝马迹在哪里	实际案例
1. 我有什么能力?	有没有什么事情，做起来非常顺手，做久了也不感觉累。（证明你对这件事有兴趣）	我很会说话，可以随时随地侃侃而谈。我喜欢说服别人，一旦成功就会让我很兴奋。（推测你可能有"说服"或"畅谈"方面的能力）。
	做这件事每次的结果都很棒，你能控制这件事的成果，并让这个成果保持高水平。（证明并非巧合）	我很容易说服别人，可能是因为自己特别有耐心，说话方式很诚恳，大家也愿意听我说。更重要的一点，这不是运气，我总是能说服别人。（推测应该有"说服"方面的能力）

注意：每个人的能力通常不止一种

这些问题值得你反复思索	天赋的蛛丝马迹在哪里	实际案例
2. 我哪些能力比别人强？ 注意：能力通常不止一种	在朋友或做相同事情的人中，这件事你总是做得比别人更好。	我说服别人的能力很强，没人可以拒绝我。在我的朋友里面，我的"说服力"是最厉害的，找不到能跟我抗衡的人。（这表示自己有"说服"方面的能力）
3. 我想要变成什么样的人？	为了完成自己的工作，实现自己的理想，我发现有一些技能必须学会，这些技能对我来说，是生存的关键。	我擅长说服人，而且我发现察言观色、依据对象需求说话等技能需要一些心理学的知识背景。我打算一方面买一些相关书籍自己学习，一方面找来这方面的课程学习，填补我现阶段知识上的不足。（明白自己需要补足或提升"说服"方面的能力）

不知道自己的能力有哪些？我们可以这样试试看，下面有四个能力群，具体步骤如下：

1. 在下面四个能力群中，先在每一个能力群中挑出两个自己比较在行的；

2. 得出八个候选能力；

3. 从八个候选能力中，选出三个自己最强的核心能力。

选出的前三名就是我们的重点培养项目！

Test

我的能力诊断

Step 1

在每个能力群中，找到最符合自身情况的两个能力，并在前面打钩✓

第一群能力　自己的态度（找到第一群中最符合的两个能力，并在前面打钩 ✓）

● 1. 沟通力 善于表达，能轻易传递自己的想法，有这种特质的人，在演讲、谈话、分享、说服方面都很拿手。他们自觉是很棒的交谈对象或生动的演说者，不怕在众人前说话，因为自己就是喜欢这种感觉。

2. 同理心
同理心是一种特别的能力，拥有这种特质的人很容易便能设身处地、感同身受地体会他人的感觉。他们自觉容易受到他人故事所感动，容易愤怒或产生激情，也会因此产生关心、愤慨或热情，他们很容易进入他人的心理状况。

3. 协调心
自觉是一个重视协调的人，这种能力在于平衡，拥有这种特质的人具有强大的信念去追求协调一致。他们处事圆滑、懂得外交与斡旋，尽量使组织或双方避免发生冲突，积极寻求共识并促进共同发展。

4. 包容力
乐于接纳他人，容许别人的批判、抱怨，有海纳百川的心胸。在组织里，他们不会独善其身，而会关心那些被忽略的人，并有办法让他们融入团队，喜欢大家团结一致的感觉。

5. 个别化
知道每个人都有差异，因此不能一概而论。自觉对每一个人的需求、期待非常关心且重视，透过细微的观察，能从每一个人身上看到对方想要的东西，也可以分辨每一个人的优势，并让他们适才适任。

6. 交际力
交际能力强，爱热闹，爱与人相处，喜欢经营人与人之间的关系。关心且重视别人的想法，喜欢和群体一起做事，享受在不同人群中跨界沟通的快感，甚至从共同完成的这个过程中获得大量成就感！

7. 责任心
对自己的一言一行负责，不食言，不随便许诺。拥有这种特质的人疾恶如仇，把承诺看得比命还重要，自觉信奉的价值观是诚实、忠诚，他们一根筋到底的执着，如果相信就一定坚持到底。

第二群能力　自身的信念与主张（找到第二群中最符合的两个能力，并在前面打钩✓）

8. 实践力　精力充沛、心思缜密，对任何事情有极高的要求。每天、每阶段都完成一些事，不会偷懒，会为了圆满而不断奔走。做起事来常尽心尽力、锲而不舍到忘我的地步。

9. 行动力　想到就干！性子比较急，缺乏耐心，相信坐而言不如起而行，认为凡事快点做就对了。能将想法快速转换成步骤，并且系统地付诸行动。相信做出来的成果，远比说出来的重要。

10. 适应力　适应力很强，随遇而安且不拘泥现状，容易适应各种环境变化，能在极短的时间融入情境。活在当下，能快速融入环境，容易接受现实的好与坏，并且从中找到最适合的生存模式。

11. 信仰力　有强烈的自我信仰、明确的生活目标，并且有属于自己的一套行事法则，通过这些被认定的秩序，形成属于自己的一套价值观，这些信念深植于心中，旁人很难撼动或改变。

12. 纪律心　遵守规则、秩序，做事有法有度、井然有序，自己决不轻易破坏这些规定。喜欢遵章守纪，也喜欢建立章程、制度或有效的方式，让每一件事都能遵循轨道、有效率地运作。

13. 专注力　兼具耐心、毅力，有着沉稳且冷静的特性，把精神放在方向确认和执行上，只要锁定一件事，就会全心把注意力放在上面。由于十分专注过程，所以也能掌握先机，及时进行策略调整。

14. 解答力　有极强的观察力和逻辑思考能力，能快速找出问题所在，并解决问题。问题对自己来说，就像是趣味挑战，解谜是一种乐趣，从解决问题中获得大量成就感。

15. 自信心　不畏挑战，对自己的能力保持信心，而且时常表现出一脸自信。对其他事有高度判断力，知道什么时候该做什么，因此在做决定时，能够力排众议坚持自己相信的事物。

16. 进取心　渴望被看见、被认可、被重视，同时希望能和较成功的人为友。个性独立、生活充满了认证和功绩，渴望被给予各种奖章和标签，无论在哪，都希望比其他人更出类拔萃。

　　第三群能力　做事的方式（找到第三群中最符合的两个能力，并在前面打钩✓）

17. 分析力　沉着、客观、冷静是自己的标签，具有超强的洞察能力，喜欢探究来龙去脉，并且找出问题所在。无意指责他人，只喜欢分析数据，喜欢从问题中发掘真相。为了得出答案，会不断追查，直到水落石出为止。

18. 统筹力

具有高度灵活性，能把人事物进行最佳的排列组合，进而发挥出最大的功效。如果有更好的方式，不吝啬改变现状，会运用新的方式、新的做法解决各种突如其来的难题。

19. 联结力

相信不论是怎样的个体都有相似点，喜欢把大家融合在一起，以和谐的方式共同工作、生活。自觉天生就喜欢担任桥梁工作，喜欢当彼此的黏着胶，并把这种工作当成是一种非常崇高的价值信念。

20. 回溯力

透过已经发生的事物进行判断，依据这些已经是事实的信息，通过回溯来思考目前的问题。相信是因为源头与历史产生了现状，脉络是重要线索，只有找出源头，才能还原真相。

21. 谨慎心

自觉是一个重视隐私、凡事仔细规划、保守谨慎的人，对每一个决定都考虑再三，没有经过通盘思考，宁可不做决定。对生活严肃，做事步步小心，凡事都采取保留态度，不过度积极与张扬。

22. 公正心

以平等的态度对待每一个人，既不偏袒也不护短。有强烈的信念坚持中立，讨厌自私自利与利己主义，不喜欢不法、违规的做法，自觉光明正大、坦荡磊落才是唯一正确的路。

23. 洞察力

眼光与着眼点在未来，对于即将发生的事情有兴趣，喜欢创造今后的优势，把战场放在未来世界。自己是梦想家，也能以此鼓励他人，创造未来的憧憬，让每一个人都因此提高眼界、燃起热情。

24. 理论化

擅长在复杂关系中理出秩序，在杂乱无章的事物间找出秩序。对于各种理论、说法深深着迷，越扑朔迷离就越感兴趣。喜欢破解原本无序的谜团，找出其相互联系，然后用很简单的说法解释。

25. 搜集力

在对事物极度好奇的推动下，喜欢搜集一些有形或无形的东西，像是标本、书籍、信息或者故事。但重点是搜集并非为了收藏，而是为了完备自己的大量信息、知识数据库，以备日后不时之需。

26. 思考力

优势是想得比别人快、广、深，不管是有序或是跳跃思考。个性看起来比较内向，那是因为愿意花更多时间在想事情。善于自省、热心研究，对需要动脑的问题保持高度狂热。

27. 学习力

有旺盛的求知欲，对学习新知识有渴望，希望透过各种深入探索不断提高自我。能应付各种环境变化，可以快速学到生存之法。相对来说，更喜欢求知的过程，而非结果。

28. 布局力

比其他人更能看清楚局势，会在乱中取序，找到一条突破路径，考虑周全，能够正确评估可能状况，打破原本的僵局。常思考可能发生的各种状况，对任何事都是想好战略布局再动手行动。

第四群能力　做事的方式（找到第四群中最符合的两个能力，并在前面打钩✓）

29. 统率力
乐于指挥、委任、告诉别人该怎么做，不怕与人冲突，实事求是，用明确的目标鼓励大家前进。你有大将风度，懂得发号施令的艺术，是极佳的指挥者，在危难中更显得镇静。

30. 竞争心
好胜心强，喜欢战斗、获胜的感觉，如果没有机会获得胜利，则会心灰意冷。喜欢遇上强的竞争对手，棋逢对手让你斗志昂扬。常以别人的表现来衡量自己的进步，超越别人、赢过对手是一种天性。

31. 识人力
能看到每一个人的优点、专长与能力，就像一位老练的教练，善于发掘与激发别人的潜能。能察觉到每个人的成长、进步，并能找出对方最适合的角色或位置。乐于给予指引，喜欢帮助他人，并乐在其中。

32. 极致心
就是要更好！总是希望在各方面做到卓越，想要试试看还能如何改善，怎样还能够更好！追求炉火纯青、更上一层楼，想把时间放在有趣、有效的地方，追求完美或更好是不灭的价值观。

33. 乐观心
常给人正面、积极与热情的印象，对任何事都保持乐观，认为每一件事都有转机。散发一种富有感染力的热情，愿意激励别人。精力充沛、努力向上，只要有机会，决不轻言放弃。

○ 34.亲和力

常带给人好感、亲和力，喜欢与不同的人建立友谊，不怕陌生，乐于与所有人结识。观察细微、善于言辞、说话体贴，在乎别人的感受，很容易建立人际关系，自觉与人交心是一件快乐的事。

Step 2　得到八个打钩的能力，我的前八个能力是：

	第一群能力	第二群能力	第三群能力	第四群能力
能力编号				
按照自己的能力从强到弱编号1（强）至8（弱）				

Step 3　从八个候选能力中选三个出来

能力排行	1	2	3	4	5
个人专属能力					
需要重点培养的能力					

就这样排列出前五名的个人能力，就是我们的个人专属能力！其中的前三名，就是需要重点培养的能力。

请再记住一点，若你有某一方面的天赋，那么只要你稍微点拨便会变得很强！若你没有这方面的天赋，即使再努力也成长有限，所以找准自己的能力很重要。

求救：如果你觉得在某一群能力里面，只有一个或没有符合的怎么办？

没关系，或许是你还太年轻、历练太少、不够了解自己，仍需要时间去摸索。很多厉害的人，一生也只有少数几项能力，所以如果目前没有符合的能力，你可以暂时先留白，不一定要写满八个。

3. 五个提问：发现梦想的痕迹——兴趣

在能力诊断之后，还有一个重要的维度，那就是了解我们自己的兴趣和热情在哪里。与无意识写下的梦想清单相比，带有兴趣的梦想清单，会更有动力实现。我们准备了五个提问，帮助你探索你的兴趣究竟有哪些。

① 小时候喜欢做的事情是什么？

小时候的我们，往往没有那么多框架，那个时候喜欢一件事，就直接去尝试了，并且很愿意坚持。长大以后，因为忙于工作和生活，我们大多数人都丢掉了小时候喜欢做的事情，找回它们，或许这就是那件你现在做起来更容易上手、且容易做好的事情。

比如，我小时候喜欢做手工、上台唱歌跳舞以及养宠物。没错，你没看错，养宠物这样一件喜欢做的事情，也可能藏着我们的梦想。

在日本的保险业，有一位保险员，他非常不善于沟通和交流，所以一直卖不出保单。有一天，他要去一个小区拜访客户，但却没有勇气去敲任何一家人的门。当他经过其中一家人的门前时，两只恶犬冲到他面前，对着他不停地摇尾巴。

家里的两位老人感到非常奇怪，因为他们家的恶犬向来都是对陌生人狂吠，从不会主动示好。于是他们问这个年轻人原因，年轻人不好意思地说："我也不知道，从小动物们就很喜欢我。"老人听后很好奇，便邀请这位年轻人到家中喝茶。

最终，因为这位保险员让他们产生了一种强烈的信任感，于是老人在这位年轻人这里买了保险，并推荐小区里其他养狗的人家都联系他。渐渐地，这个保险员的单子越做越多，并且开创了一个独特的险种——宠物定制险。后来，这个年轻人成了日本最大的做兽险的保险员。

所以你看，即使在我们看来，"受动物喜欢"这个微小的天赋，只要和梦想结合起来，也可以发挥出独特、耀眼的光芒。

② 有哪些事情你上手比别人快，做得总是比别人好？

我们公司有一个同事叫小武郎，本职工作是运营，但他的专长是"搞笑"。

在一次非暴力沟通的课堂上，其中有一个分享反馈的环节，每组有 1 分半钟的时间，向全班分享三天课程所学到的内容，其他组都是正常地进行口述，好一点还有放 PPT 的，但小武郎直接把课程内容编成了一首歌，唱了出来。现场所有人听到他唱的"搞笑"的歌曲后，都捧腹大笑。

小武郎的这种方式，不仅帮助大家回顾了课堂内容，也让所有人都记住了他。就连非暴力沟通世界级导师凯瑟琳老师也在课后专门感谢他的创意。后来他也回想说，对啊，好像我就是很喜欢动脑子把一些无聊的事情变得有意思一点。

我们公司手账组还有个小 IP 人物，就是阿润。公司里不管是新同事还是老同事，都对他印象深刻，因为他画得一手好画。每次公司内训结束，大家都会期待，阿润的手绘笔记什么时候出来呢？而更棒的是，他拥有一副天然想让人亲近、没有距离感的长相。每次公司有新同事入职，我都会问他们，你最容易记住公司的哪位伙伴呢？他们都会说："阿润呀，因为他那充满喜感的可爱样子，也实在是太容易让人记住了。"这可能是连阿润自己都还未察觉到的能力。

任何细节都可能成为你上手比别人快，做得比别人好的体现。所以，拿起放大镜仔细回想一下吧！

③ 平常会因为做什么而感到快乐、不知疲倦？

我有一个小表妹敏敏，曾在行动派负责活动策划执行。敏敏是那种特别认真、负责并注重细节的女孩，跟着我们执行过不少千人级的论坛。

但奇怪的是，每次一举办大型活动，她就会感到很有压力，严重的时候甚至半边脸都会失去知觉。虽然每一次她都唠叨说："要换岗！再也不做活动了！"可是每次一有活动，她却又首当其冲地战斗在一线，扛起活动。每次抱怨完后，又告诉我说，其实她还是很热爱这份工作的。就这样，她在这个岗位上纠结徘徊了很久。

有一次，我终于观察到了她为什么喜欢做活动。其实她特别喜欢的，是活动摄影，尤其是她自己策划的活动。每次在活动现场，她都喜欢去抢摄影师的活，因为她是这场活动的总策划，没人比她更清楚在哪些环节可以拍出最精彩的画面，而在摄像机里记录到参与活动的人开心幸福的笑容，以及认真参与活动的模样，这让她快乐无比！她甚至可以熬夜修照片，乐此不疲，完全忘记时间，而只要为了修照片，无论怎么加班，她也不会出现半脸瘫痪的情况。

后来，她才发现，她真正的梦想是成为一名摄影师，为大家拍出精彩绝伦的照片。这也是为什么她虽然讨厌做活动，可是每次又愿意冲在前线的原因，不是因为她喜欢活动策划，而是在活动的过程中，她有机会去拍照！

所以我们可以回想一下，在日常生活中，我们有哪些乐此不疲并愿意持续地为其付出行动的事情，在这些行动中，隐藏着我们真正的梦想！

④ 常花费金钱和时间的事情是什么？

行动派有一位叫绍峰的小伙伴，原来是我们社群组的活动担当，从还是大学生的时候起，就跟着我们办活动，后来也和我们从厦门到深圳一起创业。

虽然有时活动很忙，但他在"吃"上面，却绝不将就。每周只要有空，他就会出门探店，搜罗各种好吃的。每月复盘的时候，他才发现，自己一半的钱都用来"吃"了。平时工作日，通常大家都会吃快餐或者点外卖，但他仍然会在家好好准备一份便当带到公司。

有一次他就想，关于料理工具，有没有更好看更方便的选择呢？他研究了市场上所有的产品，发现都不够满意。于是，他就自己设计了一款叫"适盒"的高颜值料理工具，现在也正走在自己的创业之路上。

⑤ 憧憬的人在做什么？

常有小伙伴问我们："我觉得你们的营销好厉害呀！你们到底是怎么学习营销的？"

其实，最好的学习对象，永远都在我们身边。叶云燕，就是我和琦琦在营销方面学习的榜样。她是中国平安的保险皇后，她一个人在厦门创造的保险业绩，是其他城市第一名的好几倍。每次我们和叶姐姐在一起，都会观察她的为人处事和营销方式。

记得有一次，我们约了叶姐姐去她办公室喝茶。那天天气非常炎热，一进办公室，她就交代助理给我们准备早上就已经熬好的凉茶，因为当天刚好是大暑，非常需要喝一些清热解毒的东西。接着，她又马上从冰箱取出冰镇好的水果。不一会儿，她又询问我们是否有人会对花粉过敏，后来才知道，是因为燕姐姐的办公桌上常年放着一束百合。在确认大家都无过敏情况之后，她才坐下和我们一起聊天。

我们发现，燕姐姐对待所有人都像自己的亲人一样，为人处事之周到，让她身边的每个人都感觉被照顾得无微不至。正是这样一种爱与关怀，让她和所有的客户都形成了像亲人一样的信赖关系，大家都愿意把自己的保险交给她来打理。因为我们相信，她给我们的一定是最好的。

每到逢年过节，我都非常期待收到燕姐的短信，因为你总能从她的短信中感受到满满的爱和诚意。后来才知道，燕姐姐每条问候短信，都是她亲自编辑的，她会了解你最近的生活，针对你的情况送来祝福，每一条短信都不一样。

就是因为身边有这样一位营销大师，透过和她的接触和观察，我们学习到了非常多为人处事和销售上的细节，这也使我们在创业之后，哪怕我们做的不是营销而是教育领域，也能让整个团队在营销上一直都成为业界的标杆。

每个人的身边，都有各种各样的高手，关键是我们要带上一双"观察"的眼睛，不断从他们身上学到值得学习的东西。把他们的优势都内化到自己的身上，让自己不断地向身边的榜样靠拢，成为更好的自己。

来试着列举一下，你有哪些榜样或是偶像，以及你最想从他们身上学到的东西？

示例：彭于晏
不断地挑战和突破自己！
自律，保持完美的身材！
向偶像和榜样致敬的方式，就是努力吸收他们身上的闪光点，把这些闪光点都"活"到自己的身上！

发现梦想的痕迹

请根据下列提示写出 2-3 件事情

1. 小时候喜欢做的事情是什么?

2. 有哪些事情你上手比别人快,做得总是比别人好?

3. 平常会因为做什么而感到快乐、不知疲倦?

4. 常花费时间和金钱的事情是什么?

5. 憧憬的人在做什么? 列出榜样清单。

总结并提炼出三个你最想继续发展的兴趣吧!

1.

2.

3.

4. 选择做斜杠青年 or 曼达拉青年？

关于兴趣，还有一个值得探讨的话题，那就是我们要发展多个兴趣，成为一个斜杠青年，还是围绕一个主轴，成为一个曼达拉青年呢？

如果我是一位老板，正准备拓展一项新事业，想要找最优秀的员工帮忙做事。

如果我正想创业，希望与有能力、有眼界、有胆识的创业伙伴一同打拼。

如果我是一位项目经理，面对艰困的挑战，决定要找位伙伴一起完成。

以下 A、B、C 三位，选择哪一位比较好？

A 先生，某知名大学会计系毕业，经济学硕士，某国外知名大学财经学院博士毕业，有专业财经证照，无工作经验。

B 小姐，艺术史跨建筑专业，喜欢拍照，自助旅行去过五个国家，有建筑师执照，曾经以实习生的身份参与过国内一些大型建设，目前在国际建筑师事务所工作已经两年。她自己累积了一些设计作品，希望争取在今年的设计比赛拿个奖！

C 先生，原是剧场工作者，曾在广告公司、营销公司上班。他写过两本书，试着在全国巡回推广自己的作品，虽然每一场活动人数都不超过三十位，但是那次经验很特别。后来，透过甄选到电视台上班，曾参加某年春晚的助理工作，目前正在学习编剧。

对于 A 先生，一般会考虑到他有学历但没工作经验，怕说得一口好学问，做起事来却虎头蛇尾，导致整体项目风险极高。国外学习经历是不错，但是对国内不知道他熟不熟悉，而且都有钱去国外念书，瞧得起我们的小公司吗？

选择 B、C 这两位，他们的经验都很多元，你很难界定他们是什么样的人，但是有一点你可以确认，任何新事物不容易难倒他们，他们也都乐于挑战，选择他们两位的风险低了许多。你大脑里可能蹦出这样的对话：

多元的经验，能够面对"急剧变化"的变化。

创业什么问题都可能遇上，太单纯的技能，怕到时候不够用。

心里会这么想很正常，毕竟选择合作伙伴是一件很重要的事。我们不会选一个拖累自己的人，更不会花钱请派不上用场的人，我们希望每一个团队伙伴都是有力量的，都可以为组织奉献独一无二的智慧。

但是反过来，当自己是小白、是求职者正在找工作，是被人家选择的一方时，那又如何？老板想要找最好的员工做事，创业者希望找有能力、有眼界、有胆识的创业伙伴一同打拼努力，项目经理要找伙伴……对方会选择我们吗？人家凭什么要选择自己呢？又有什么理由，让对方优先选我呢？

未来的老板说：	未来的世界	未来的工作者说：
面对多变、快速发展的环境，我需要更优质、更有能力的人才来帮助我做事	急剧变化的世界	我能够胜任更多的工作，各种挑战我都愿意尝试，同时我也需要更高的待遇、更好的工作环境

什么是斜杠青年？

简单地说，就是一群不满足于单一职业或技能，选择拥有多重职业、身份的人。

斜杠青年比其他人拥有更多技能，具备多重能力，他们会尽量让自己的生活更多元。他们在向其他人介绍自己的时候，会用斜杠来表示他们的经验与能力，比如说，B小姐，艺术史专业／业余摄影师／旅行者／建筑师。与以往不同的是，斜杠青年的每一项经验与能力都是实在的、自己亲身参与其中的，而且他们会以与众不同为乐。

	两者大不同	
	一般人	斜杠青年
生活	固定的生活模式和工作场所	喜欢面对挑战和接触新事物
企业角色	企业里的一颗螺丝钉	动力引擎
学习	高中、大学、研究所	自我投资、阅读、进修
升迁	人脉、考试、面谈	自媒体、推荐、自荐
信念	相信一步一步踏实地走总有出路	透过自身实力和才华才能制胜
目标	稳定是最大的目标	工作自主、生活多元、经济独立

斜杠青年选择多重职业

	现在 工业时代 → 科技时代 → 知识时代	未来 知识时代 → 超知识时代	更远的未来？
单一技能的工作者	只会单一技能	若你的技能派不上用场 → 你可能"灭绝"	
		若你的技能派上用场 → 你必须更专业	若你的技能派不上用场 → 你可能"灭绝" 若你的技能派上用场 → 你必须更专业
斜杠青年	具备多重职业、多重技能	以组合性技能生存 → 追求新一层的专业组合	以组合性技能生存 → 追求更加专业的技能组合

我们必须更早出发，才有机会成为自己想要成为的人：

摸清现状→设定目标→拟定策略→大步前进

工作很重要，但如果仅仅把工作当作薪水的来源，那么依现在的情况而言，或许这份工作对你轻而易举甚至是游刃有余。可一旦遇上剧烈的环境变化，使得生产、制造、销售模式发生骤变，岗位条件可能就会发生天翻地覆的变化，别说是自己，就连老板都可能一筹莫展。我们现在应该用另一种角度看待"工作"这件事，该好好扭转心态，让自己的能力凌驾于工作需求之上，创造"自己的刚性才能"，让目前的工作反过来需要我们的多元能力与智慧，让"工作被我们的才华与经验所吸引"，拿回发球权，因为自己才是决定下一步怎么走的人。

什么是斜杠青年的探索方式

基本学业		在校 → 获得毕业证书 → 考取认证、执照等
自我修习	社会中	大量阅读 → 从书、网络世界里学习知识 不断进修 → 向民间高手、老师学习 获取被认可的技能 → 取得执照、证书、认证
心态上		还要变得更好 → 多重技能不易被取代 学会选择 → 做自己的主人 找到真正的价值 → 做关键且重要的事
成长		底层学做法 → 中层学办法 → 高层学想法 小公司学技术 → 大公司学眼界 学会分享 → 成为富足的人

这是一个很简单的道理，当地球上一半的工作消失了，谁还能继续留在工作岗位上？农业时代的时候，如果我们就这么痴痴傻傻地当苦力，总能有一碗饭吃吧！但在知识经济当道的现代，光靠种田不一定活得下去！可能新老板宁可雇佣机器人也不会雇佣你。

恐龙因为环境的剧烈变化而灭绝，但适应力强的哺乳类却活了下来，生物学告诉我们，具有多元能力和广泛的食物来源的生物不容易灭绝。

生物学上的许多例子告诉我们，多样性的好处展现在应对恶劣环境的能力上，当某个物种耐热抗冷范围高、食物种类多元、具备多项生存技能时，那么即使遇上冰河时代、陨石或洪水等巨大灾难，这些强韧物种依旧能在地球上存活。

我们够强韧吗？我们是怎么安排自己的职业生涯的？

薛良凯老师进入社会后担任杂志编辑，第二年担任副主编，第四年升为总编辑，第六年成为集团副总经理。他在累积完一定的社会资本后，工作就变得非常多元：和朋友投资手机内容公司，在诚品书店担任事业部营运长，担任台湾地区文化部门审查委员，在创投公司上班，还兼任故宫博物院顾问，直到2008年创立以教育、顾问为主的文创公司。闲不下来的DNA，使这家公司的服务内容与对象也非常多元。

老子说："不自见，故明；不自是，故彰；不自伐，故有功；不自矜，故长；夫唯不争，故天下莫能与之争。"大意是，争的方向错了，争了也没用，有时候不争，反而才是胜利者。你要争，不是争表相，而是要在自己的能力上一争高下。"不满足于自己的经验和能力"，这才是成长的真动力。不要沦为一个只会不满意薪水的人，而要更不满意自己的能力。你太急于涨薪，反而看不见更重要的真相。你要追求的是变成更好的自己，而非只是收入上的变化。

记住，别一直把自己当成一个工具，你要成为使用工具的人。

记得回归成曼达拉青年

现在，我们很多人都在追求成为一名斜杠青年，在这个时候我想提醒大家，我们可以用斜杠的方式去探索自己的兴趣所在，但最后都应该回归成为一个曼达拉青年——即在自己所擅长的领域里，深入化、深耕化地做事，让它成为我们人生的"主干"，让它不停地给我们滋养，从而长出更多的"树枝"，开出更美的"花朵"，结出更好的"果实"。

稻盛和夫曾说过：知识如果广而浅的话，你就等于什么都不懂，只有深入地去研究它，你才能一通百通。就像日本有非常多的匠人，他们不停地在研究，研究到了极致，就一通百通了。

达·芬奇这样伟大的绘画家，也有非常多的斜杠身份，科学家、艺术家、神学家，可是他做好了最重要的事情，就是把绘画这件事情做到了极致。

找到我们人生的核心天赋，让这个天赋开出我们人生无限多美丽的花朵，引领我们过精彩斑斓的人生。

误区一

技能很多但是无法精通

　　创立公司之后，我遇见过各种各样的实习生。而有一个实习生让我印象深刻，他刚进公司的时候就满腔热情地告诉我说，他的梦想是"做一名新媒体编辑"，于是我们就安排他在编辑的岗位实习。

　　可是不到一个月的时间，他来办公室找我，他说编辑的工作太枯燥了，每天除了排版文章，就是筛选文章，这样的工作他已经学会了，想换个新领域尝试一下，他对我说觉得活动策划执行的岗位不错，可以接触更多的人事物，希望能够给他一次机会，去获得新的技能。当时，我觉得这个小伙伴很有上进心，也愿意突破，于是也欣然同意了。

　　可是，活动执行做了不到两个月的时间，他又来找我，说这个岗位所需的技能他也都学会了，不管是做活动的ppt，还是执行流程，他觉得他都已经上手了，他有另外一个想法，就是想去尝试活动的摄影工作。他说，每次看到现场拍照的摄影师，他都非常羡慕，也许未来他可以尝试成为一名兼职摄影师，发挥不同的技能，为自己的活动拍摄很美的照片。

　　我当时觉得很诡异，他在每一个岗位待的时间都不长，

摄影师

作家

蛋糕师

摄影师
作家
烘培达人
插画师

所以，您到底是做什么的啊？

客户

技能是学会了，可是未必能学好呀！

　　大概两年后的一天，我在一个论坛活动上遇到了这位实习生，当时他递给我一张名片，把我震惊到了，因为他的这张名片上，赫然写着好几个斜杠身份：资深新媒体编辑／活动策划专员／知名摄影师……但是看到这张名片的我，一点都不为他感到高兴和骄傲。

　　他说自己是一名资深的新媒体编辑，可是他连一篇十万加的文章都没有独立撰写过；他名片上写着"活动策划专员"，可是没有一场大型活动是由他独立执导完成的；他说自己是知名摄影师，可是他连一次摄影展都没有举办过。如果他只是想要追求这些多样化的斜杠身份，我觉得就完全步入了一个误区。

　　我们可以透过尝试不同的斜杠身份，去体验不一样的职业技能，学习多维度的知识，但最重要的是，我们在不断尝试中，应该学会找到一个最适合自己发挥的技能并不断地把它深耕和深化，把它做到这个领域的极致，成为这个领域的资深专家。

　　如果我们只是为了追求斜杠身份所带来的荣誉和快感，那么很遗憾，在未来的道路上，你未必真的能走得长远。

　　企业家稻盛和夫在他的书籍《活法》里，曾经描述过这样一段文字：

一名工匠，长期专注于工作，掌握了精湛的技术，即使谈论人生，也能讲出精辟的见解。经过修炼，提升了人格的僧人，即使论及其他领域的话题，也能说出深刻的道理，还有园艺师、作家、艺术家等等，凡是精通一艺一技者，他们的话语中都包含着丰富的涵养。

刚毕业的年轻人进入公司，做了一段自觉枯燥的工作后，就心生疑惑："只干这么简单的工作能有出息吗？"这时，他们会提出："希望让我干点别的工作。"这就错了，知识广而浅，等于什么都不懂，只有一门心思深入探究到底才能一通百通！

因为，在一切事物的深处，都隐藏着驾驭一切的真理。究明一个事物，就能理解一切事物。

误区二

把梦想清单列成了欲望清单

分清什么是梦想，什么是欲望

我们是在为实现梦想而尝试更多的技能，以便未来可以有更多的技能傍身，去适应未来社会职场发展的需要！我们需要分清楚，成为斜杠青年，是为梦想付出的行动，还是受到欲望的唆使，只有沉下心来，透过不断的突破和挑战，最终找到自己想要的，并不断地努力，最终才有可能在这个领域当中成为佼佼者，这才是未来指引我们去创造源源不绝的财富的宝藏！

有一次,我在微信公众平台收到了一位小伙伴的私信,他说:"婉萍姐,我觉得梦想清单好可怕。"

她说自己前不久列了一个梦想清单——我想拥有20万。可是到了年底复盘的时候,她发现:"欸,为什么我的这个20万的梦想一直没有实现?"刚好那个时候,她的妈妈要出国旅行,旅行公司就给她寄了一份旅行保险的保单,让她签字。当她准备签字的时候,才发现,"天啊,保险的理赔金额就是20万"。她心里咯噔一下,难道我的梦想会通过这种方式实现?

她觉得梦想清单太可怕了,再也不想写了。当我看到这条私信的时候,非常震惊,于是也回了一封信给她:

首先,这20万,你完全没有分清楚是你的梦想还是你的欲望。如果这是你的欲望的话,当然也会透过不同的面向去实现。但梦想一定是正心和正念的,如何区分它们?

核心就在于——你要用这20万来做什么?

这非常非常重要,钱不应该成为你的指标。如果你想用20万来让你的家庭过上更好的生活,或者换一个更大的房子，可以让家人们在更舒适的房子里生活，这是梦想。

　　我们必须很清楚，这20万背后的起心动念。如果你只想用这20万去买一个奢侈品包包，想要证明自己比别人更牛或者更厉害，那这就可能是你的欲望，而不是梦想。

　　所以，梦想清单很棒的一点是，当你在年初写下一些梦想，可是在年末发现它并没有实现的时候，你就可以透过这个部分做一次人生体检，那些没有实现的梦想，其实可能是你潜藏的欲望，是你目前匮乏但又不自知的部分。这样的梦想清单，可以帮你很好地重新认识你自己。

5. 社会藏金阁

你该有的策略：

时间宝贵，要趁早出发

当我们要爬山时，都会先决定想爬的山，然后按照所攀登高山的难度去锻炼体力，然后再准备一张当地地图，带上适合的行囊、工具。如果山路陌生难行，最好结伴或聘请向导，不然攀登风险太大，可能会丧命。

非常讽刺的是，许多想要逐梦的人，却连自己想要什么都不知道，更谈不上规划梦想。于是他们就这样茫然地过了许多年，眼睁睁看着别人攀上梦想之巅，自己却还在原地打转。

为什么几乎每一个人都知道，爬山需要一套完整的计划，但多数人对自己重要的人生大事却置之不理、毫不规划呢？答案其实很简单，爬山是因为你知道要去爬哪座山，目标简单、明确。但是"人生"这件事却大不同，目标不太明确，路途上充满变数，难以捉

摸又无法预料。

不过正因为如此，所以才更要趁早规划！

你要记得，时间是最宝贵的资产，千万不要以为，你还
年轻。

珍惜时间，把握当下

善于利用时间的人不会说出"没事做""觉得好无聊"
这样的话，他们会在乎分分秒秒的时间，会想尽办法把时间
转化成更有价值的东西。时间看似不花钱，但却是无比珍贵
的资产。时间是有钱都买不到的，时间无法倒流，过去就没
有了，让你连后悔的机会都没有。

昨天、明天都不存在，只有今天是真的，你无法回到昨
天，也跳跃不到明天，只有"当下"在你手中。所以，要把
握"现在"的力量，毕竟我们能改变的只有"现在"。

趁早储存属于自己的"社会资本"

存钱，可以等需要的时候拿出来应急，那储存"社会资
本"是什么概念呢？

社会资本是一种在社会上生存所累积的经验、人脉、能
力和财富的总指数。社会资本多，表示你认识的人多，懂的

事情多，明白的事情也多，能够控制更多的资源，各个领域都有熟人和贵人。相反，社会资本少，你会相对孤立无援，你就像一张白纸，出了事也不知道要找谁帮忙，一旦进入社会，这种社会资本的贫穷比金钱上的贫穷更可怕。

很早攀登上梦想山峰的人，一定从更早便开始累积社会资本，因为这些资本是他们最重要的资产！

社会资本藏金阁

下面就来测测，在你的社会资本藏金阁中有多少星星吧！

① 请根据自身实际情况与以下清单进行匹配，根据符合程度涂鸦星星，即不符合不用涂星星，基本符合涂一颗星，以此类推；

② 请在每个类别写一条你拥有该社会资本的相关说明，并涂鸦星星；

③ 统计出你一共收获了多少颗星星。

社会藏金阁

经验		
我在所在领域积累了多年的实践经验	★ ★ ★
我拥有多个行业的实操经验	★ ★ ★
我的经验总能给团队带来解决问题的启发	★ ★ ★
	★ ★ ★

人脉		
在我失落的时候总能找到给我力量的人	★ ★ ★
当我遇到困难时，总能找到合适的人给予我建议	★ ★ ★
当我要筹备某个项目时，总能找到各个领域的资源	★ ★ ★
	★ ★ ★

能力			
我的能力在所在的圈子有不可替代性	★	★	★
我的技能总能给身边的人带来幸福感	★	★	★
当我要筹备某个项目时，有能力找到各个领域的资源	★	★	★
	★	★	★

财富			
我现在的收入水平能够解决自己的日常开销	★	★	★
我现在的收入水平能够解决家人的日常开销	★	★	★
我有富余的财富帮助他人过上幸福的生活	★	★	★
	★	★	★

合计

通过这张表，你可以很好地复盘目前自己所储备的社会资本有多少，哪些资本是你目前的优势，又有哪些资本是你目前储备得相对比较薄弱的！只有看清了自己的优势与劣势，才能更好地为接下来的资本储备做好规划！

CHAPTER 2
开 始 书 写
专 属 你 的 梦 想 清 单

上一章，我们通过能力诊断，找到了自己的核心能力，下面就让我们结合发现梦想的痕迹，试着衍生出专属你的梦想清单。相信，当你找出自己的能力之后，更有信心去设定你的梦想了！千万别跳过这一步骤。

请把自己的能力在左侧写下来，将发现梦想的痕迹写在中间这一栏，然后结合两者，在右侧写下它能够衍生出的梦想。请参考范例，尽可能地多写，如果不够，可以拿张白纸继续补充。

能力	兴趣爱好	衍生出的梦想
范例：学习力	外语 / 书法 / 太极拳	学习法文、学习书法、学习俄语、找老师拜师学太极拳

没有关系。首先，有些能力我们刚刚发现，在以往的生活中，也许这个能力并没有很强，所以可以从能力本身着手。比如，如果你有一个能力是"沟通力"，可是目前沟通力还不是很强，那么我们就可以专注地去"提升沟通力"这个板块，阅读沟通相关的书籍，学习沟通相关的课程，想要提升自己的能力，这也是一种梦想。

另一种可能性，就是在"发现梦想的痕迹"的时候，或许没能找出很多的兴趣爱好，那也不用担心。我们可以在现实生活中慢慢去发掘，比如说，报名参加舞蹈班、绘画班、象棋班，只有勇敢尝试，才能发现自己真正喜欢什么！

"梦想的衍生"是一种全新的创造，如果此刻写不出很多衍生梦想，也不用着急，我们可以从头一点一点突破，让创意带领梦想，使其变得更加多元和丰富。

当我们有了梦想的雏形，随着日后经验增长，会经历各种成长、发展、挑战、变化，这时候你可能会改变自己的想法，或是想要停止一些比较杂、弱、过大或者过小的梦想。这当然可以改变，不要给自己太大压力，有些人一直强调初衷，但是没人敢说初衷一定对，错误的初衷也可能会毁了我们的一生！

1. 加速梦想实现的书写技巧

很多人误以为，梦想清单就是把你的梦想列出来。其实不是，书写梦想清单是有技巧的。如：正向表达、具体描述、用完成式、加入感受。下面，就让我一一为你揭晓书写梦想清单的秘诀：

① 正向表达

如果说，世界上真的有圣诞老人在为我们准备梦想礼物的话，他是不会听"不"的，而我们的大脑也有同样的特点。不信，你试一下，我对你说，"现在，你绝对不可以想黄色的猴子，不能在脑海中出现黄色猴子的画面！"怎么样，它还是出现了，对吗？

这其实就是为什么，我们在描述梦想清单的时候，一定要用正向的表达，只有这样，才能给自己积极的暗示。

但可能你也发现了，我们的思维就是很奇怪。我们常常说不出"自己要什么"，但特别擅长说出"自己不要什么"，比如：我再也不要和我的男朋友吵架了，我不希望我的妈妈对我唠叨，我希望我的同事再也不要遇到什么事情都来找我帮忙，因为我实在不会拒绝别人！

所以，你也可以试着给自己另一份"不要清单"，然后把这些所有的负向表达转化为正向语言。比如：我再也不要和我的男朋友吵架了！你可以把它写成：我想拥有和谐而美好的两性关系。

试着列一份"不要清单"吧！

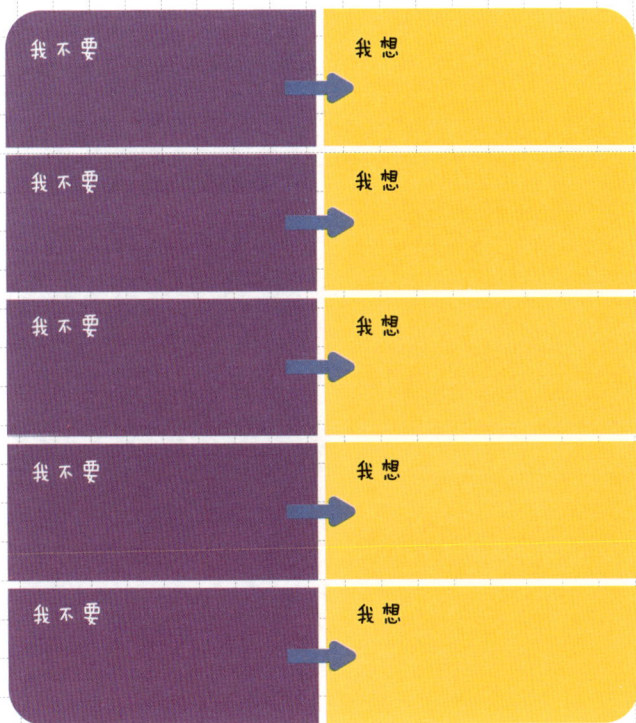

我不要	我想
我不要	我想
我不要	我想
我不要	我想
我不要	我想

② 具体描述

想象一个场景：你的老板让你去买咖啡，刚开始他只对你说"帮我去买一杯咖啡"，当你吭哧吭哧去买回一杯咖啡给他的时候，他说："我要的是拿铁!"好，你又吭哧吭哧去换了杯拿铁，回来他一看说："我要的是热的!"你是不是很无奈而且会说："你不早说!"

可是如果仔细回想一下，生活中我们很多人在写梦想清单的时候，也会犯同样的毛病："我希望有个男/女朋友""我希望过上幸福的生活""我想要一份理想的工作"……

发现问题了吗？这些表述都不够清晰，而这些对梦想模糊不清的描述，是没有办法让你的梦想实现的。我们要一次性描述清楚我们的梦想，最好从听、闻、触、味、见五感去描述，让你的梦想变得有画面感。

例如："我是一名畅销书作家!"那么更有画面感的描述是："我兴奋地在世界各地举办我的新书签售会!"

③ 用完成时

对比一下下面两句话给你的感受有什么不同：

A. 我希望能在全国举办梦想清单公益课程。

B. 我热情洋溢地在全国举办梦想清单公益课程。

是不是 B 感觉更好，更有实现的可能？这就是为什么我们列梦想清单的时候，要用完成式。当你用"希望""想要"这些词汇的时候，它们的前提就是"你现在还没有"，当梦想种子被放在了外面，我们怎么能浇灌它开花呢？

只有真正当你内心已经放上了这颗种子，你已经看到它发芽开花结果的画面，你才有可能让它在现实中绽放。

④ 加入感受词汇

你想用什么样的感受和状态去完成这个梦想，这非常重要。当我们带着感受去写梦想清单的时候，它才更加鲜活，才能让梦想充满生命力！

示例：

✦ 开心地到大学继续深造哲学

✦ 平静地在寺庙练习冥想

✦ 喜悦地在印度舞蹈和练习瑜伽

前面我们分别学习了书写梦想清单的 4 大技巧，现在我们来进行整体回顾，体会每一个技巧逐一叠加后的神奇变化！

	神奇的变化	案例 1	案例 2
正向表达	"我希望" "我想要"	我想举办梦想清单课	我希望成为一名沟通导师
用完成式	"我已做到"	我举办了梦想清单课	我已经成为一名沟通导师
具体描述	"我具体是怎么做到的"	我到全国各地举办了梦想清单课	我取得了非暴力沟通导师认证
感受词汇	"我带着什么感受做到的"	我热情洋溢地到全国各地举办梦想清单课	我愉快地取得了非暴力沟通导师认证

怎么样？是不是很神奇？每个技巧都会让梦想清单越来越清晰，越来越生动。事不宜迟，你也来运用四大技巧书写一下梦想清单吧！

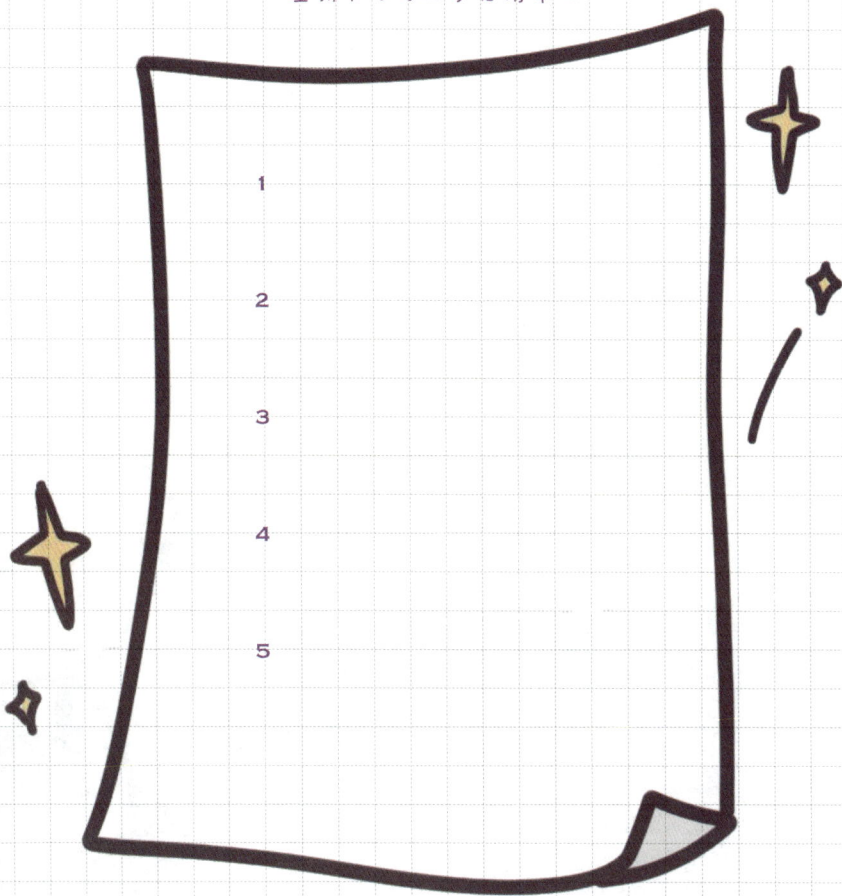

练习

试着用上面这四条书写技巧，

重新书写你的梦想清单吧！

1

2

3

4

5

附：感受的词汇表

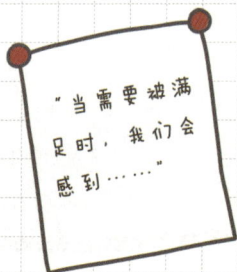

"当需要被满足时，我们会感到……"

glad, happy, excited, hopeful, joyful, satisfied, delighted, encouraged, grateful, confident, inspired, relieved, touched, proud, elated, exuberant, optimistic

高兴、开心、兴奋、满怀希望、喜悦、满足、愉快、受鼓舞、感激、有信心、有灵感、放心、感动、自豪、兴高采烈、充满活力、乐观

peaceful, tranquil, calm, content, engrossed, absorbed, expansive, serene, loving, blissful, satisfied, relaxed, composed, clear

平静、稳定、沉着、满意、全神贯注、一心一意、广阔、安详、幸福、无忧无虑、满足、放松、泰然自若、清澈

loving, warm, affectionate, tender, friendly, sensitive, grateful, compassionate, nurtured, amorous, trusting

充满爱意，热情，深情，温柔，友好，敏感，感恩，慈悲，熏陶，多情，信任

playful, energetic, effervescent, invigorated, refreshed, stimulated, alive, eager, exuberant, giddy, adventurous, enthusiastic

好玩、精力充沛、兴奋、精力充沛、精神振作、提神醒脑、活泼、热切、充满活力、眼花缭乱、有进取心、狂热

rested, relaxed, alert, refreshed, alive, energized, rejuvenated, strong

安心、放松、警觉、精神振作、活泼、精力充沛、返老还童、强壮

thankful, grateful, appreciative

欣慰、感激、赞赏

2. 怦然心动的书写法则

法则一

梦想要锁定目的地而非途径

举个例子，学英语是为了能够与外国人用英语流利地交流。那么学英语是途径，能够和外国人流利地用英语交流才是你的梦想目的地。

我人生中的第一个梦想是学英语，但非常奇怪的事情发生了，一年之后，我的英语水平仍然是原地踏步，每次跟老外聊天的时候还是只能说：Hi,nice to meet you. Fine, thank you，除此之外完全没有任何精进。

我开始检讨到底是什么原因，别人写了梦想清单都可以去实现，我也写了梦想清单，为什么我实现不了呢，直到后来我才发现原来许愿这件事情也是有门道的。

很简单一个道理，我反复问自己：为什么我要学英语？其实是因为我内心有一个梦想，我想要出国留学，所以学英语成为我出国留学的一条必经通道。

可是如果我把所有的注意力都聚焦在这个通道上，找不到为之努力的那个热情，因为学英语并不是我的梦想。如果当你的梦想是类似于学英语这种通道的话，你就发现你每天只会做一个规定性动作，早上起床拿起单词书，非常努力地开始背，然后第二天就不记得了。

所以许愿是有门道的，我们一定要把愿望锁定在目的地，而不是途径上。

法则二

金钱，是实现梦想的一条通路，但不是唯一通路

在我看过的许多梦想中，有一个字眼经常出现，那就是——钱。有人会在梦想清单上写"我要赚很多的钱"，同时也会听到不少人说"我很想做 xxx，可是……我没有钱"。

大家不妨检视一下我们在写梦想清单的时候，是不是把所有的注意力都只聚焦到了金钱这样一个通道上。钱是什么概念，它其实也是一个流通的中介，而当我们把梦想都锁定在了钱这个通路上的时候，其实是很难到达梦想的彼岸的。

我们在写梦想清单的时候，绝对不要受到钱的局限，要拿出我们的创意。

用行动走出的南极梦

我的一个好朋友积木，她人生最大的梦想就是"希望可以到南极旅行"。日常生活中，她会收集很多关于南极的素材，看大量关于南极的书籍，在我们这些朋友眼里，她就是一个仅次于南极科考人员的南极小专家！

不久前，她终于从银行辞职，决定为自己安排一场旅行好好犒赏一下自己，恰好当时看见李欣频老师的南极团，而且只剩下最后一个名额，她想也没想就拿出信用卡，立刻刷了去南极的定金。她觉得去南极就是她此生一定要完成的那个梦想。为什么现在不勇敢地出发呢？

当她兴奋地和我们分享她这个非常酷的决定时，我们所有的朋友都惊呆了："天哪！积木，还有一个月就出发了，你没有护照，怎么可能去南极呢！"去南极要签证好几个国家，对于没有护照的积木而言，这简直就比登天还难，可是马上就要出发了，旅行社也不可能退还定金，积木觉得无论如何自己都要试一试！

当你真的决心要做一件事时，全宇宙都会来帮助你。奇迹的是，最后积木不仅拿了护照，并且非常顺利地拿到了签证。连旅行社的负责人都说:"看来真的是老天爷在帮你,希望你可以去南极!"

但这时,有一个更现实的问题摆在积木的眼前——她只刷了定金,还有一大笔尾款没有付!对于一个刚刚离职的小女生来说,去南极旅行是一笔不小的开销。

决不放弃的积木想:我为什么不向欣频老师求助呢?如果能够在行程结束之前,再分批付清尾款,这样也能给自己更多缓冲的时间!凡事总要去试一试,才知道有没有可能性呀!于是,积木鼓起勇气,和欣频老师说了自己的难处。没想到,欣频老师非常欣然地答应了她的请求!并且对她说:"既然这是你最大的梦想,我有什么理由不支持你呢?我会和旅行社说,你就安心出发吧!"

就这样,积木踏上了她心心念念的南极旅行。旅行中的每一天,她都非常认真地记录自己所看到的一切:船上发生的有趣故事、南极带给她的生命震撼……她把这些旅行日记发布在了自己的公众号上。没想到几天之后,就有一位出版社的编辑和她联系:"积木,我每天都在看你发布的文章,真的写得太好了,你有没有兴趣,把它整理成一本书,把你在南极收获的智慧和对生命的见解,分享给更多的读者呢?"积木非常开心地说:"我当然愿意啦!"就这样,积木得到了

一个出版图书的机会，并且收到了新书的版税！此时，南极的旅费只剩下最后一笔小小的尾款需要支付了。

每天，邮轮上的导游都会给大家介绍各种各样关于南极的知识和见闻，可是每次导游分享完，积木都会非常兴奋地说："对于这个地方，我还有想要分享的！我知道很多有趣的东西想要和大家分享！"没过几天，全团的小伙伴都向导游申请："积木真的讲得太好了，我们能够邀请她来做随团导游和大家分享吗？"导游想了想，便去找积木商量："我邀请你来做随团导游，剩下的那一笔尾款，就当成是这一次旅行付给你的额外工资吧！"

最后，积木不但成功实现了去南极的梦想，还出版了一本关于南极的旅行书籍《南极往南》，同时这本书还拿到了"中国十大旅游畅销书"的好成绩。也正是因为这一本书的出版，积木成了南极小达人，每年都会有很多旅行社邀请她作随团导游，因此，积木每一年都可以免费去她的梦中故乡南极！

所以你看，实现梦想真的没有那么多限制，放下一切抱怨，当你勇敢地迈出脚步去行动，并为梦想做好一切准备，梦想随时都可以照亮现实！

法则三

规则是死的，人是活的

一艘战舰在海上遇到大雾，视线非常不好，舰长派出瞭望员在船首进行观测，随时汇报情况。刚入夜不久，观测员回报舰长说："前方有灯光，而且越来越近！"舰长立即对信号员下达命令："给对方发个信号，让他们将航线偏向北方20度。"很快对方就给了答复说："建议你们调整航线向北20度。"

舰长对于对方的傲慢有点生气，于是对信号员说："告诉他们，我是海军上将，让他们把航线调整20度。"没想到对方竟然回答道："我是二等海员，你最好赶快调整你的航线。"

舰长这时候火冒三丈，他对信号员说："告诉他这是一艘核动力战舰，让他给我马上改变航道！"没想到对方只冷冷地说："我是一座灯塔。"于是，舰长安静地调整了自己的航道。

有时该坚持，有时候则不该坚持。冷静想一下，你该不会为了坚持而撞上灯塔吧？

故事二
有些事只有你还记得

甄环在毕业典礼时告诉闺密阿珍："我以后要开名车、住豪宅、去全世界玩，到时候我开顶级跑车来接你吃饭！"后来甄环在法商公司上班，待遇还算不错，没几年就在上海郊区贷款买了一套房子，生活还算惬意。但好景不长，公司遇上了财务危机，经不起折腾就破产了。甄环一时也不知道该怎么办，新旧工作衔接不太顺利，还被贷款压得喘不过气，虽然找到了一份还过得去的工作，但是现在没车、荷包也常见底，对于闺密阿珍不断电话邀约吃饭感到压力很大。

有一次，甄环真的忍不住对阿珍说："我现在没有车，也没钱，你给我一点时间吧！"没想到阿珍竟然说："我只是想找你吃饭，你在说什么啊？你现在手头不方便，我可以请你吃饭啊？"后来闺密阿珍才知道，甄环竟然还在惦记着以前的"誓言"，事实上，阿珍早就忘记这件事了！

有些事情，只有自己还记得，人家早忘了，就算记得也没那么在乎。我们又何必一直背着压力呢！

3. 书写你的年度梦想

年度梦想可以很好地帮助我们练习目标分解，找到当下立刻可以做出的行动。同时，在书写一年一次的年度梦想的时候，这种仪式感也会帮助我们更好地落实行动。

找出最关键的年度梦想

✧ 回顾过去这一年你所做的事，你感到最自豪、最愿意与人分享的三件事是什么？它们分别满足了你内心的什么需求？

✧ 在这三件事里，哪件是杠杆事件（它撬动了、促成了其他事情的发生）？为什么？

✧ 未来的一年，你最希望自己达成哪三件事？（假设现在已经是明年的今天，回顾这令人激动与满足的一年，请写下你感到最自豪、最愿意与人分享的三件事吧！）它们分别满足了你内心的什么需求？

✧ 在这三件事里，哪一件事是杠杆事件？为什么？

找出最关键的年度梦想		
时间段	最自豪、最愿意 与人分享的三件事	满足内心的需求
过去的一年 ———— 至 ————	1. 2. 3. 其中杠杆事件是事件: 原因是:	

找出最关键的年度梦想		
时间段	最自豪最愿意 与人分享的三件事	满足内心的需求
未来的一年 ——— 至 ———	1. 2. 3. 其中杠杆事件是事件: 原因是:	

分解最关键的年度梦想

为了实现这个最关键的年度梦想（杠杆事件），你需要完成哪几项里程碑式的目标呢？

实现的时间	里程碑事件

梦想清单 - 寻梦篇 流程图

STEP1 了解自己

能力天赋 — 搭配 / 组合 → 简易版 梦想清单

兴趣爱好

个人特质 — 加速 / 实现 → 若干里程碑目标

社会资本

一张图帮你回顾
寻梦篇

STEP2 书写专属你的梦想清单

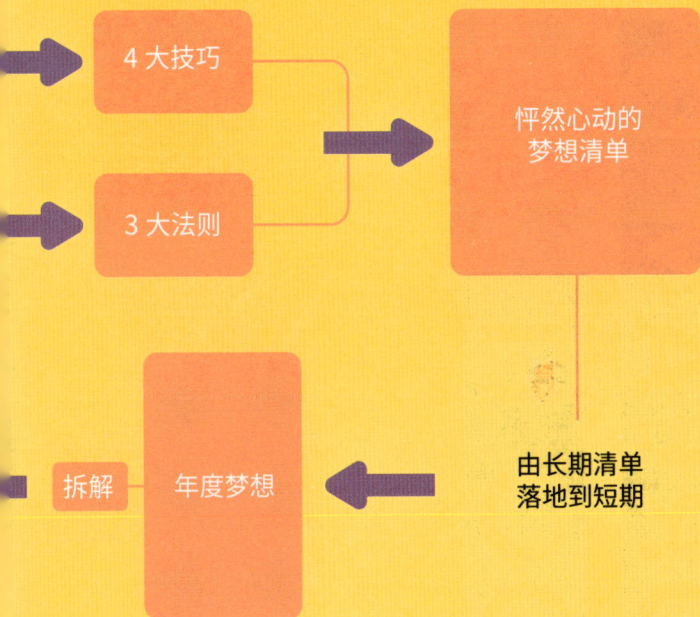

4 大技巧

3 大法则

怦然心动的
梦想清单

拆解　年度梦想

由长期清单
落地到短期

DREAM IT
DO IT

CHAPTER 1

学 习

1. 丰富内在，才能看见梦想

拉高自己看世界的海平面，才能得到机会。

很多人都会问："想要结交优秀的朋友、获得优秀的资源，但总是留不住，这到底是为什么？"

事实上，我们每个人都是一个港口，我们航向不同的地方去结交朋友。然而所有的船，只有在海平面够高的地方，才能停靠。如果你的海平面太低，别人驶过你的海域时，自然就不会靠过来。

所以，我们需要通过不断的学习，去拉高自己看世界的海平面，这样才能吸引越来越多的船只在此停留，并与他们成为朋友。

拥有丰富的内在，我们才能看见梦想

很多人不仅抓不住机会资源，而且甚至当梦想的机会到来的时候，都看不见。

一些大学生刚踏入社会时，常常会觉得自己专业基础没有打好，所以当真的有机会来的时候，他们不敢去争取，或者是觉得心有余而力不足，因此常常会错失很多机会。比如，很多人想要成为作家，但如果过往我们没有很好地打下写作和文案的基本功，积累写作的经验和作品，当一个"作文比赛"冠军有机会签约出版的机会出现在面前的时候，自然会觉得这跟我们一点关系都没有。

所以，学习会使我们增长各个方面的维度，只有这样，当梦想的机会来临的时候，你才更有可能和它建立连接。

2. 助力梦想的四大绝招

（1）阅读的力量

保持学习的习惯。因为学会的东西，没有人可以从我们身上拿走！谁不想让自己变得更有魅力？谁不想变得更聪明？谁不想变得更有智慧？谁不想变得更有影响力？最便宜的升级方法之一就是拾起书本阅读。

许多成功人士，愿意每周抽出时间阅读三到五本书是为什么？所有创业成功的人，都是靠阅读才变厉害的吗？

事实是：创业成功的人并不多，扑倒在创业路途上的人比比皆是。因为媒体常报喜不报忧，所以我们会误认为创业成功者很多，其实他们只占了少数。

事实是：很多人碰巧遇上"机会"，但是却无法把机会当作垫脚石，最终挫败了。

事实是：很多人当机会来的时候，却没有"能力"把它抓住，只好眼睁睁看着它溜走。

事实是：创业成功的人，都是靠努力而来，等他们成功之后，才发现知识的可贵，才发现当初自己的成功真是惊险，因此会额外注意"保持知识的领先"。

请"保持知识的领先"遇上"机会"时，有"能力"将其抓住，阅读是最低调的学习，我自己从不停止阅读，因为通过阅读可以得到的东西实在太多。

阅读，可能是创造力的关键来源。

根据调查，以色列是全球最爱读书、每年每人读书量最多的国家，以色列的阅读教育、图书馆、读书机构都发展非常蓬勃。很多专家、学者认为创意直接与阅读有关，以色列的犹太人仅占全球 0.2% 的人口，但是却拿下全球 29% 的诺贝尔奖，这实在值得我们好好反思。

用阅读提升自己的方式很简单，只要按照以下几个步骤：

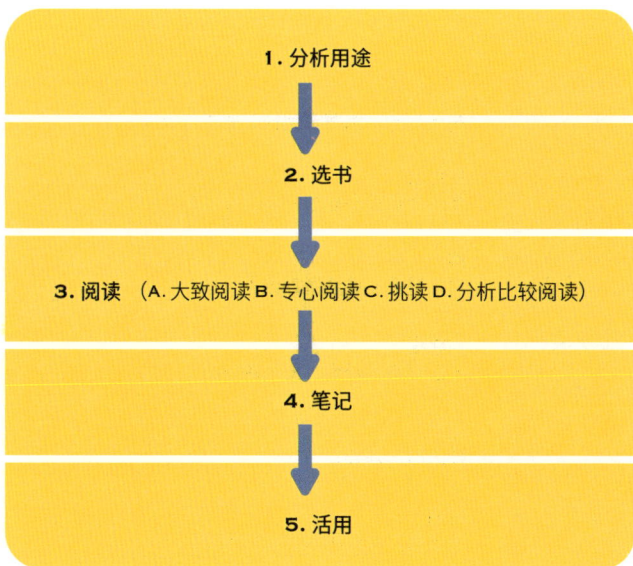

1. 分析用途

↓

2. 选书

↓

3. 阅读 （A. 大致阅读 B. 专心阅读 C. 挑读 D. 分析比较阅读）

↓

4. 笔记

↓

5. 活用

① 分析用途：问自己为什么要阅读

根据不同目的，必须先设定选书和阅读的方式，这就像你要去运动之前，选择不同的装备为活动准备一样。你总不会穿空手道服去打篮球吧？

你要判断与分类这些知识用在什么地方、什么场合、适合什么对象？有个简单的方式叫作"5W1H"很适合当成分析工具。

在提升自己之前，应该知道自己想提升的是怎样的难度层次，是普通、中等还是偏艰深一点。在挑选书的时候，把这些设定先放在脑子里面，就比较不容易出错。

Why	为什么 包括为什么需要跟为什么要学。
What	是什么 怎么解释这些知识？这是什么？
Who	谁 对象是谁？谁合适？谁不合适？
Where	在哪里 什么地方、场合、形态需要？
When	何时 什么时候需要？
How	如何 怎么做？以何种方式或步骤做？

② 选书：问自己需要什么知识

通过用途分析之后，接下来这个问题就容易回答了。一个决定开咖啡厅的人，当你问过前述问题后，自然知道要选择学手艺、学开店、学装修、学招待还是学习搞投资。所以接着第一步之后，应该把自己的问题列出关键词，针对想学习的知识，列出十个字以内的关键词，这就是找书的目标了。

例如，我想开咖啡厅，目前想自学煮咖啡、学拉花，打算买一本这样的书来看。经过第一步的分析，我是初学者，如果太难的恐怕难以学会。所以我就列了这样的关键词：初阶、认识咖啡、煮咖啡、咖啡豆、咖啡机、意大利浓缩

注意：关键词会在找到或读到某些书后改变，慢慢你自然会更知道自己要找的是什么。

③ 阅读：问自己适合什么方法

许多实验证明，每个人都有不同的知识吸收方式。有人适合安静阅读，有人适合边看书边播放音乐，有人必须朗读才有效果，还有一些人喜欢在咖啡厅读书，到了图书馆反而觉得太安静想睡觉。除了这些自己知道、自己要去摸索的差异外，至少有四种公认有效的读书方法：

大致阅读	这种阅读方式是快速读题目、读标题、读目录，然后抓大纲读重点。这种读书方式是略读、简读，重点在取其大意，明白大致在写什么即可。
专心细读	这种方式是比较仔细、有结构、有系统地慢慢阅读，通常会按照作者编排的章节顺序阅读，完整地把一本书读完。
挑读	这种方式有点像小说写的"百万军中取上将首级"，直捣主帅，有目标的只取自己要的那一部分，其他先不读也没关系。
分析比较阅读	分析比较阅读。这是最花时间的读法，不但要看这一本，还要把跟这有关的都看完，最好是同作者、同类型、相关的都读一遍，甚至要看一下书后面附录有没有参考数据、推荐书籍之类，这样才能算作全面性的了解。

④ 笔记：问自己怎样才能更好地做整理

文章是阅读的本体，在阅读的同时，脑子也在咻咻地运转，灵光随时乍现，这时候要捕捉灵光还是任由眼球继续阅读？

我会建议每一位初学者，阅读前就准备好纸笔，最好是笔记本和有粘贴功能的便签。对于比较简短、快速、片段的想法，就用便签先留在这一页。对于比较完整、大量的想法或是图案、整理之类的，就把它们放在笔记本上整理。但是切记，不要用一张张的纸片或是白纸，因为它们很快就会在眼皮子底下消失得无影无踪。

请记住两点：1. 笔记不是记录，重要的是帮忙整理、厘清、梳理和分析，所以笔记是帮助快速想起所有事，而不是巨细靡遗地记录所有事。2. 笔记本的每页一开始最好写上时间、标题，免得日后自己都不记得这是什么了。

⑤ 活用：知识就是要拿来用的

学习环理论（Learning Cycle）告诉我们一个简单的事实：每件事的学习都包含三个步骤：A 探索、B 新观念引入、C 实际操作。我们在阅读一本书之前，已经有许多各式各样的经验在我们脑中，包括先入为主的、猜测的、假设的，等等，这些都变成我们的"A 探索"部分。阅读时，脑子开始展开"B 新观念引入"工作，做笔记时就在安装这些新想法到脑子里去。最后一步，是结合前两者并应用在生活与工作上，这就是"C 实际操作"部分。

活用不仅靠意志力，而是要靠计划！你可以列出自己要变更、改善、练习的部分，把这些列入计划。计划必须明确有时间、步骤和方式，并确保一定会被实施。

比方说：假设我在咖啡厅上班，预计 5 月 20 日学习完咖啡技术后，要做出两杯拉花拿铁，并且得到老板的称赞！

经验分享：

阅读也可以拿来当饭吃

从培训者到教育者，改变我生命轨迹的六本书

——行动派 彭小六

我不知道是不是阅读改变了我的命运，但确实有一些书给了我很多启发和帮助。

1.《心流》：不焦虑的心法

如果你的心是焦虑的，那么你说的话、写的字，都会表现出来。这次来北京，与一位关注我三年的读者见面，他说了一句让我很惊讶的话：六哥，你这一年变化真大，我看到你们这些知识工作者很多都很焦虑，在你身上看不到了。实际上在一年前，我还深陷这种焦虑之中。

2017年1月，我从镇江那座小城到了深圳之后，我感受到了30几年来最强烈的焦虑。我的焦虑在于，我想得到比小城时期翻倍的收入和成就。我全年无休，五点起床做直播，只要有钱什么工作都接……我在做2018年的年度计划时，发现我要花费440个工作日才可能得到我想要的收入。

一年只有363天啊，440天怎么来？

看来只有比别人早起、晚睡咯，每天多出4个小时的工作时间，全年无休也许就够了吧。如果是你遇到这样的情况，你会怎么办？这本书救了我。

《心流》是积极心理学奠基人之一——米哈赖的开宗立派之作。这本书讲到，能力和挑战所构成的两个维度之间，产生了焦虑、无聊和心流三种状态。所谓的焦虑，其实就是自己想要得到、想要挑战的，超过了自己现在的能力而已；所谓的无聊和看不到希望，是因为你感觉自己的能力远远超过了你要做的事情；所谓的心流，就是能力和挑战刚刚好，踮踮脚就可以够到。

所以，当你焦虑的时候，问问自己：是不是我要的太多？我的能力是不是要先提升才能承受这样的压力？我是不是可以暂时放弃一些重要的事情？

2.《全新思维：决胜未来的6大能力》：如何成为领先的少数人

如果说读这本书之前，我是一根木棍，那读过这本书以后，我慢慢变成了一根狼牙棒。过去的十多年时间，我一直都从事程序员的工作。效率、流程、结构、步骤……我理解世界的方式和与世界连接的方式就是理性思维。

《全新思维》出版近十年的时间，它提到了6大能力：设计感、娱乐感、意义感、故事力、交响力、共情力，这本书把我单一的职业思维蛋壳砸开了一个口子，灌进去色彩斑斓的颜料。从那以后，我开始学习设计思维、产品思维、故事思维、游戏化思维以及开始关注我们做什么和不做什么的动机和意义。我开始关注自己的职业规划：作为一名程序员，我到底可以有什么可能？

几年后我读《穷查理宝典》，看到查理·芒格提到的多元思维模型，我居然没有太多的惊讶，原因可能就在于，当我还在那座小城，还是一个普通程序员的时候，就已经读到这本书了吧。

3.《用户思维+》：帮助别人变得更厉害

你有多厉害一点都不重要，重要的是你的用户因为你，可以变得多厉害。

从2013年开始，我做了两年的课程，写了两年的文字，我的线上课服务了30000多人，听过我线下分享的，也有5000多人。我一直很执着地认为，我是一个产品人，我要做的就是要把自己的内容做好，因为这才是我最大的竞争力。

所以我做了什么呢？比如，启动洋葱阅读第一期项目的时候，我推翻了过去所有的积累，300页的内容，一张旧的ppt都不用，课程内容全部重新设计。比如，我设计了梦想早读会，每天早上五点起床，六点半直播，全年无休。那时候我秉承的价值观是：自律，内容至上，要结构，要清晰，要有120%的干货！

直到我遇到了这本书——《用户思维＋》，说实话，第一次读这本书的时候，我用的是快速阅读法，30分钟搞定！

这本书开篇就问了我一个问题：你追求的到底是你厉害还是你的用户厉害？但是与其说这是一个问题，不如说是一个耳光。从那以后，我每次做课程或者做分享，都会问自己这个问题：你说这些到底是为了让自己变得厉害，还是让你的用户变得厉害？

从那以后，我放弃了所谓的营销手法，因为我笃定，只要我帮助用户变得厉害，他们也一定会想让自己的好朋友变厉害。自此之后，我和团队不再追求去说我们多厉害，我们开始将工作重心放到了让别人知道我们的学员和用户有多厉害。

4.《让创意更有黏性》：如何让别人忘不掉你说的话

你说的话是在倒垃圾，还是想让别人印象深刻？如果我告诉你，写一篇文章，取一个有意义的标题，有100种方法，你会记住吗？但是如果我告诉你，起一个好标题，记住一点就行，那就是：要在用户心中打开一个缺口，制造疑问，是不是就简单明了很多？

我一直不觉得现在是知识大爆炸的时代，因为知识的总量并没有大幅度增长，生物、物理、化学、管理等基础学科并没有增加太多的新知识。

所谓的知识大爆炸，只不过是因为在互联网工具帮助下，参与解读知识的人变多了而已。

当然，我并不是说这种知识解读是无用的，恰恰相反，知识的解读帮助我们更好地去理解这个世界，哪怕你在四线五线城市，你也可以接触到最新的理念和认知。

比如小六今天的文字，所介绍的这几本书，本身就是一次解读。既然解读是有用的，那我们作为解读者，如何让别人记住我们的内容呢？说得更直白一点，我们如何保证自己制造的不是让人昏昏欲睡、转瞬即忘的垃圾呢？《让自己的创意更有黏性》这本书的上一个版本的译名更简单和直接——《粘住》。说白了，就是我们如何让别人对我们的内容记忆深刻。

所以，在此之后，我不再追求我的干货量级，反而关注我的内容到底有多少传到用户的大脑中，同时我想尽办法想让你记住它。引起别人注意并且难忘的六个关键：

1. 简单	核心信息点
2. 意外	打破认知基模，吸引受众持续注意力
3. 具体	帮助受众理解记忆
4. 可信	让受众愿意相信，采用权威和反权威、生动细节、统计数据等
5. 情感	让受众更沉浸在信息之中，形成同理心，避免空泛化
6. 故事	挑战、联系和创造情节，驱动受众接受信息

看看让我们哭晕的《复联3》，符合上面的6个要素吗？

1. 简单	集齐五颗宝石，打响指
2. 意外	各路超级英雄居然都是渣渣
3. 具体	五颗宝石，一个响指就够
4. 可信	过去十年，我们见证了所有英雄的厉害以及好几颗宝石的威力

5.情感	我的超级英雄居然化成了灰！
6.故事	我第一次看到所有人在等彩蛋！

下次写文章的时候，用这六个要素检查一下吧，真的。虽然不一定要全部满足，但是如果里面一项都没有，那这样的文字和课程，你还是扔进垃圾桶吧！

5.《你的知识需要管理》：如何建立自己的第二大脑

我很少记什么东西，因为我有一个第二大脑——印象笔记。我把记忆和检索的工作交给了这个软件。那要我有什么用？我的大脑只要负责创意和开发，负责用第二大脑中的知识装配出新创意。

这有点像我是一个厨师，我有一个原材料仓库，帮我存放各种食材，我还有一个配菜员，我想要什么，他都会帮我找到。我要做的就是平时看到什么好玩、有趣、有用的材料，就扔到我的印象笔记里面，做好分类，贴上标签就行。

那具体是怎么做的呢？《你的知识需要管理》会告诉你一切。

6.《认知设计》：让干货都去死

我一直问自己一个问题：为什么有很多能力很强的人没有办法教好别人？除了自己不愿意之外，其实还有一个原因，就是他们正深陷知识的诅咒中。所谓知识诅咒，意思就是你总是觉得你说的一切基础的东西，别人也懂。一个人很容易忘记自己的新手阶段是怎么度过的，以至于他看到别人在新手阶段的笨拙，会发出非常诡异的评价。比如老司机开车的时候一般会嘲笑新手。

所谓的"干货"，很容易受到知识诅咒的影响，让别人觉得你很厉害，但是这些"干货"对他们却没有什么用。

举一个例子：

我曾经根据小强老师的《只管去做》设计了一个线下分享，大概的步骤是：

· 设置愿景

· 人生九宫格

· 分清楚项目和习惯

· 如果是项目，先用 SMART 来分析，然后用 WBS 来分解

· 如果是习惯，先判断习惯养成的阶段，然后讲解习惯养成的方法

我不具体介绍我的课程是怎么做的了，就拿上面那段文字来说：SMART 是什么？ WBS 是什么？

你看，我们的大脑习惯简化，但我们随时都可能陷入"知识诅咒"。

如果说《用户思维+》是一个灯塔，是一本纠正你分享目的的书，那《认知设计》就是沿途的路标，是一本纠正你分享过程的书。

以上分享了六本书给大家，《心流》，让自己不焦虑的简单心法；《全新思维》，建立自己的多元思维模型；《用户思维+》，让自己的用户变厉害；《让创意更有黏性》，如何让别人印象深刻；《你的知识需要管理》，拥有自己的第二大脑；《认知设计》，破除知识诅咒。

这些书的阅读时间，有的是在五年前，有的是刚过去的几个月。但它们却在不同的地方影响着我的心智和价值观。所谓的成长，无非就是心智和价值观的升级。为了避免陷入知识诅咒，我把心智和价值观具体分成三个问题：为什么，怎么做，什么更重要。

· 对于"为什么"，看的角度越来越多，越来越深；

· 关于"怎能做"，出手越来越果断；

· 关于"什么更重要"，选择越来越笃定。

祝你成功！

故事案例
阅读无疑是最经济实惠的自我投资

很多创业者刚开始在公司的资金上都是非常拮据的。可是对于他们来说，此时又非常需要学习多方位的创业知识，才能更好地迎接创业过程中的挑战。那么怎样才能邀请到世界顶级的创业大师，使其成为你的创业导师？这个方法并不难，只要你开始爱上阅读。

行动派有个优秀的课程学员，他的名字叫顾浩翔，有一次参加朋友聚会，身边的朋友都问他："老顾，看你最近风生水起，是不是有大师在身边指导呀！"老顾非常激动地说："那当然了，我的老师可是扎克伯格、凯文·凯利、乔布斯、李嘉诚！他们可是随时随地都待在我的身边，当我有任何困惑的时候，我就向他们请教。""天哪，你这么有钱，能请到这么多大咖在你身边呀？太让人羡慕了！"

老顾说："其实你们也可以，因为只要你开始阅读！当我们把这么多大师的书籍放在自己身边的时候，其实你就像有这些专家陪在身边一样，一旦你有任何的问题和困惑，就可以带着这个问题到这些专家的书里面去寻找答案，把这些专家都当成与你面对面说话的朋友，你会发现，你所想要

的，在书里都可以找到答案！"

何必羡慕别人有钱请专家，只要你从今天开始，养成一个阅读的好习惯，所有作者都将成为你的朋友来到你的身边！

（2）观察的力量：把资讯转化为自己的"成长武器"

"好厉害，你怎么知道？""奇怪了，怎么他就能想到？"除了脑筋转得快，思路也比我们清晰，他胜出的关键在哪里？

有一个故事，大意是说某位顾问向客户收了20万的费用，客户好奇地问是哪里出错，要花这么多钱？顾问带业主到现场，指着错误点说："瞧，有人把这里关闭了，你把这个开关打开就好。"业主一看这么简单，马上不悦地说："这掰开关的小事怎么会这么贵？"顾问说："掰开关只要100元，但是要在这几万个开关里找出要掰哪一个开关，这部分价值199900元。"

观察力是老板努力追寻的能力，它可以帮我们看清事实，看清谁是庸才，谁是人才。

观察力是业务努力养成的能力，它可以帮我们看穿客户、摸透他愿意购买还是心有顾忌。

观察力是上班族努力培养的能力，它可以帮我们寻找市场方向，规划出更接地气的项目。

观察力对未来的工作来说，真的非常重要。

行为观察

美国知名的魔术师詹姆斯·兰迪说："不管有多少信心，

都无法让不存在的事变成事实。"没错，事实一定是基于证据。没有直接证据，你最好持续保持高度怀疑。行为观察是一项重要的能力，让我们当社会中的人类学家吧！

每个人脑子里想跟做的事一样吗？美国人气博主克里斯汀·鲁德（Christian Rudder）透过大数据研究，揭露了人类内心隐藏的真相。他以人类的网络行为作为调查基础，直接探索用户的各种潜在习惯，他意外地发现，在大数据下的人类表现跟我们想得很不一样。

透过客观的观察，能够揭开每个人披上的掩饰外衣，其真实动机也就这样显现出来。

克里斯汀·鲁德还发现几个有趣的秘密：

秘密一

善用无法改变的缺陷，力量出奇的强

现代信息量庞大，过多信息已经麻痹了我们的大脑，多数人对这些数据渐渐无感，因而更关注于差异性较高的事物。出丑效应又称之为犯错误效应（pratfall effect），它的意思就是无伤大雅的搞笑或小缺陷，反而更容易抓住眼球！

秘密二

颜值决定一切

从网络数据显示，颜值就是一切，点击率、造访率、停留时间竟然都跟颜值有关。这给我们什么启示？当我们工作、面试或是业务拜访时，穿着漂亮、帅气，化个妆擦个口红打个领带，绝对都是加分项。

秘密三

匿名让人勇于说真话

在美国，输入搜寻关键词，能够间接表明他们的隐性个性，毕竟网络是目前相对来说最没有社会压力的地方。

每一次开展工作前，都应该把自己的成见抛开，让自己的心态归零，就当作是第一次接触这件事，不戴任何有色眼镜去看这个世界。

当我还在念大学的时候，经常趁空当勤工俭学赚些生活费，其中有份工作是做推销员。我要推销的产品是给中学生复习用的学习杂志，只要客户（也就是这个中学生家庭）订阅，公司就会按月寄杂志到客户家里。学习杂志里面有精选练习题，基本和中学生的日常课业同步，而阶段考或是期末考猜题命中率也极高（我猜很多中学老师也是这本杂志的顾问吧）。我仍然记得那本杂志订阅是以年为单位，无论几年级开始订阅，订一年是720元人民币，两年是1360元，一次订三年只要1860元（在1994年，这不算便宜）。身为推销员，只要看准对方的付款能力，加上舌灿莲花的本领，要拿好业绩并不是什么难事。

拜访的客户名单是公司给的，由于事前有客服人员筛选过，所以只要认真推销几乎都不会白跑。有次我到一个客户家去推销，地点非常偏僻，光骑自行车就花了快一小时。客户家里凌乱不堪也没有坐的地方，到处都是脏乱带血的羽毛和装满羽毛的袋子，而我的客户（学生家长）闻起来身上有一股潮湿、恶心、难闻的鸭毛味道。当时我的直觉告诉我，

他能付一年费用我就谢天谢地了！

一阵攀谈后，客户认为这杂志对他念中学的孩子有极大帮助，表示对订阅杂志很有兴趣，就问了我价钱。我永远记得自己当时有气无力地说："一年要720元，你可以慢慢考虑一下。"

没想到这位客户马上从大衣口袋掏出了两卷钞票，数了数交给我，这应该够吧？

我当时也是一次拿过两三千元大洋的人，完全知道他那两卷钞票大概就在五千元上下，于是好奇地问："怎么会有这么多钱放在身上？"有句话说，成交后没心防。这时候客户以完全信任的态度说，他做的是羽绒生意，就是枕头、羽毛被、防寒外衣里面的那种羽毛。他非常用心调研和制作，每天把时间花在整理毛、洗毛、消毒、杀菌上，对质量的要求很高，整个北台湾地区都是他一家在供货。他抽了一口烟，说："不瞒你说，一个月生意十几万元人民币，就是累、忙、脏了一些！所以孩子学业也顾不上啊……"

轰隆！我当时告诉自己，我真的是看走眼了啊！

自从那件事之后，我告诉自己：

不要轻易预设立场（尤其是自己经验还不足的时候，别

假装聪明）

　　不要轻易相信眼睛看到的（听到的、闻到的、摸到的也未必可靠）

　　不要轻易相信直觉（有时候别太相信没有证据的直觉）

　　不要放弃努力（多数时候，胜利是属于坚持下去的人）

如何像人类学家一样观察行为?

无论我们是什么职业、身份,多少都需要具备一点人类学家的精神与做法。想要学习人类学家的观察方式,那么在开展任何一次观察之旅时,请试着这样做:

第一,基本观察

① 事前做好完善准备

在开始观察之前,做好资料搜集工作。事前把相关人物、时间、地点、对象、种类、材料、数量等等都调查仔细。千万不要错过这个调研步骤,这对后续的观察非常有用。

② 换上中立的态度看事件

客观的观点与忠实的记录非常重要,不要过度偏袒弱者,也不要一味打压强者。要相信每一个角色、步骤和过程都有理由和原因,我们只是信息的搜集者,中途不存偏见,不偏信、也不偏听,尤其不要被表象的老、弱、残、病、美、帅迷惑而先入为土地进行判断。

③ 先观察全貌,再观察细节

从较高的维度、角度从上往下看,就像鸟瞰一张地图,把全貌描绘出来。如果是观察房间,就先把整栋房子结构摸清,如果是观察一栋楼,就先把整条街摸清。等到整体的地方、位置、空间、坐标确认后,这才开始观察细节。

④ 关注可能遗漏掉的痕迹线索

人类学家非常喜欢翻垃圾桶，这是一个很好的思路，所谓凡走过必留下痕迹，丢掉的垃圾，里面都是宝。垃圾代表对方用过什么、做过什么、在想什么。当然，现实生活中并不是要大家去翻垃圾（说不定有时候真需要），而是要额外关注遗留的轨迹与痕迹。

第二，对比观察

① 找出共通性

在所有信息中寻找相同的地方，一而再出现的通常是固定模式。

② 找出差异性

在所有信息中寻找差异或特别的地方，突发的通常是特例或是问题点。

③ 与其他同类型事件比较

类似的事件也会有类似的状况，可以纳入研究、互相参考。

第三，观察后怎么思考

① 思考行为背后的原因

简单地说，就是动机调查。为什么？为什么不？我们要思考一下理由是什么？

② 思考事件给我们的启示

反思是人类学家最厉害的地方，在事件中不但可以思考事件本身的影响，也能思考对自己的启示是什么。

③ 总结陈词

最后的结论，替这件事做一个比较全面、清晰、公正、务实、详尽的描述。

学会像侦探一样看出对方在想什么

乔·纳瓦罗（Joe Navarro）曾经担任美国 FBI 联邦调查局干员长达 25 年时间，是反间谍情报小组的身体语言行为分析专家。退休后，出版了许多指导上班族行为观察、探究对方心理的书，也是目前美国知名的扑克牌教练。他认为，观察力可以靠后天的练习。以下是四个关于观察力的练习。

练习1、回想游戏，在脑海里重现当时场景

练习观察力最有效的方法之一是"回想游戏"。我们可在任何地点、时间进行练习。方法很简单，当我们走进一个陌生房间后，先环顾四周，尽可能地捕捉场景。接下来，闭上眼睛开始回顾，回想怎么走进房间的，房间里面各项摆设又是如何。

练习 2、用逻辑回想当时的情境

这是更进阶的练习，当观察完周遭环境后，更进一步问自己，观察到的每个人、事、物各代表什么意义？为什么是这样安排？比方说，看到拿着雨伞的人走进来，就该想到外面是不是临时下起阵雨？没带包包来上班的人，肯定早就已经进了办公室。穿得特别漂亮的人，晚上说不定有约会。

注意：答案正确性并不是重点，重要的是必须训练自己，仔细观察、大胆假设并从已知的线索中找出合理的推论。

练习 3、记录辅佐观察

如果你有 VIP 客户，请记住把客户的数据记下来，天晓得会不会派上用场。比方说，我只要听到对方在对话中提到家住哪里、哪里人、家里有什么亲戚、养什么宠物、什么星座等等，我就会不由自主反射作用似的记在笔记本里面。有一次，我要去见一位重要客户，事先翻了一下记录，回顾上次谈了些什么，这才发现那天刚好也是他的生日。在星巴克碰面时，我特意点了一个小蛋糕，当作小小的生日礼物，这举动让对方开心了一整天。

练习 4、面部表情和肢体动作是线索

对方的脸部表情、双手放的位置、坐姿、穿着打扮或各种小动作，其实都在传达对方心里的情绪。比方说，原先边听你说边写字的手，突然环抱在胸前或放在大腿上，可能代表情势有变，对方开始严肃起来。除此之外，你也可以观察以下这些肢体动作代表的意义：

❶摸脖子、颈部、按摩额头或是摸耳垂，是一般人紧张时会出现的动作。如果男生表现出拉领带或女生玩弄脖子上的项链，这表示对方可能有点不安、紧张。

❷深呼吸或是话变多，这表示情绪开始不稳定，尤其是看到对方的那种深呼吸，就表示对方可能已经在压抑自己的情绪。

❸除少数的例外情况，说到重点就言辞闪烁、不断眨眼的人，说话的诚信度要打折。这时候，最忌讳拐弯抹角的暗示，有什么要求就开诚布公地说吧！

❹喜欢把两手环抱胸前，表示个性比较拘谨、要求高，同时带有一点警戒心。如果你没有把事情做好，那你可惨了！这样的人你必须表现得比他的期待更多一点，才会比较容易得到对方的好感。

❺习惯盯着对方看，代表自我警戒心很强，不轻易表露内心情感，这时候我们要避免出现过度热情或是开玩笑的言语。这样的人通常比较不苟言笑，喜欢有"道理"远胜过套交情，所以请仔细地、用心说明自己的想法。

❻穿着不拘小节的人，表示个性随和。面对人情压力时容易软弱，因此有事相商时，套交情比公事公办更有效。

❼偏爱用高音量说话的人，对自己格外有自信，甚至于有那么点自以为是，这种人喜欢别人说他好话，不爱听负面建议。如果自己不善于拍马屁，那么与这样的人交往会很痛苦。

❽说话心不在焉，或是当我们说话时还一直自顾玩手机、盯着计算机的人，表示对方根本不在意或在乎我们。这时候，要么使出浑身解数、爆出亮点、使出撒手锏，把他的眼球拉过来，要么鞠躬说声抱歉，下次再联络。

自我审视：这项重要的能力，让我们有机会好好改善自己。

有一句俗话，当我们一根手指指着别人的时候，其实有四根手指是朝向自己的。意思是说，很多问题固然对方有错，但我们是不是也要花点时间来检讨自己？如果你没有把自己的问题解决，那这个问题就一直是自己的问题，会成为一个永远过不去的坎。

运动教练上任后有一项很重要的工作，就是要马上知道自己队员的能力，他要队员不断做动作、操练、冲刺、超越自我，其实只有一个原因：教练想要花更多时间认识自己的队员。对于没有教练的我们，更要多花时间认识自己，才会知道自己的能耐在哪里。人生值得你越活越好！

每一个人都希望自己越来越好，可是有时候不但没有变好，反而感到越来越糟，这是怎么回事？

曾有个实验，把左手放在冰水、右手放在热水里面一阵子，然后同时把两只手放入中央的温水中，看看两只手的感觉是否一样。这时候，左手原先在冰水，放入中央温水后会感到一阵暖意。右手原先放在热水里，放入中央温水后会感到一阵寒意。明明中央这盆水的温度一样，但是两只手却感受不同。这个现象叫作"感觉疲劳"，当我们看久了、坐久了、动久了，经常保持一种状态时，就会发生类似的状况。

人不是机器，我们无法时时都处于强力运转的巅峰状态（或许极少人办得到），休息仍是必要的，只要你一停下来，就有可能会在心理上觉得自己变弱了、变笨了、变呆了，就跟感觉疲劳实验中手从热水放入温水中一样。我们可以逆向操作，每天只要进步那么一点点，自己就会变得无比开心，就跟感觉疲劳实验里手从冰水放入温水一样。

怎样让自己每天都有进步，我建议每天给自己订一个小而明确的目标：

- 读几页书
- 看几篇文章
- 写一篇短文
- 写日记
- 多跟几个厉害的人聊天
- 交几个新朋友

（3）思考的力量

眼界决定境界，思路决定出路。人生重要的不是目前的位置，而是你所朝的方向。花时间思考自己该走的路，比像无头苍蝇一样乱飞有用。就像射箭一样，除了练习你的臂力之外，也要好好思考一下你的靶在哪里。

我在想！我在想？我到底怎么想一件事呢？谁教过我想事情？事实上，人生的学习之路上，很多人不停在用美其名曰"灌输"的方式教育我们，但是却很少鼓励我们"思考"，等到真正需要思考的时候，却被卡在"怎么思考"上面！

第一，永远保持怀疑

学习怎么想之前，要先学会怎么看待知识这件事。知识都是透过人来诠释的，所以多少都带有一点个人想法在里面。当接收一个新的知识时，必须学习去判断知识的可信度。孟子说：尽信书，则不如无书。意思是说"学习"这件事，不是靠一味地背诵、记忆，如果是这样，还不如不要读书，学习该有的态度就是永远保持怀疑。

做学问，该怀疑什么？至少有以下三个地方可以下手：

✦ 真实性：对于知识，我们要花一点时间去辨别真伪。是不是真的？有多少是真的？怎么判断是真的？有哪些是假的？为什么作者要放假的知识进去？如果这是假的，那么事实又是如何呢？

✦合理性：在逻辑上，这件事有没有可能发生，如果不可能，违背逻辑的地方在哪里？如果必然发生，那么又是什么原因促成它的发生？

✦相关性：简单地说，就是看似杂乱无章的信息之间，是不是存在什么关联，彼此是因果还是相互影响，在表面之下还有没有其他的可能性呢？

走路的时候，地图就在"嘴"上，认不得路问人即可。做学问的时候，想获得知识不能只靠嘴去问！

只会问问题却不会思考就太糟了。没错！问到的答案是速成的，但与此同时，你也失去了学习思考的最佳机会。停住！先想想看，别急着找答案。

我在上课的时候，不一定会为每一位学生立即解答，因为我相信，太快提供答案，会让学生的思考能力弱化。他们太急着把答案"背下来"，这样就错了！答案一点都不重要，重要的是要学会怎么思考才对！

思而后行，锻炼自己思考

凡事思考一下，包括这样做的后果、影响，不管是正面、负面都好好想一遍，每次都这样做，当实际开始做事的时候如果出了状况，潜意识会提醒自己：啊！这我想过。或是，哎呀！我怎么没想到。这些都会让你下一次想得更周全、更仔细。

问个好问题，只为了证实自己也这么想

我有时候会在还不知道答案前，思考一下我会怎么做，然后才看答案。如果逐渐都能想得跟大师一样，那你离大师也就不远了。同样的道理，在问问题之前，已经有了大致的推定，有时候还会预想可能之一、可能之二、可能之三……这都是千万不能错过的学习机会。

怀疑不是疑心病，怀疑更不是一种否定，怀疑是一种能力。要变厉害才有能力怀疑。保持怀疑的根源，是对自己知识的不满足。

谁会不满足？学习用专家角度思考的王顺瑜

王顺瑜是一位农民，在台湾地区从事种植方面的工作，是我在品牌营销课上的学员。他在课堂上经常会问营销的问题，而且问题很有深度。他不但想知道背后的动机，更想知道的是，在不同时间、地点和状态又会发生什么事。后来我知道，这位学员虽然是农民，但是却有兽医执照，而且还拥有海洋生物学、生物产业管理双专业学位。有次我问他："其实你问我的那些问题，你早有答案了吧？"他说："我有想了一些答案，但是我想听听更深的见解，这样我才能学会用专家的脑子去想事情。"

谁会不满足？发现血液循环的威廉·哈维

公元二世纪的医学家盖伦（Galen）凭借解剖许多动物所获得的知识，建立出了一套完整的医学理论，西方医学受他的影响长达一千多年。他的著作被奉为圭臬，从无人验证其真伪。于是，那一套充满错误与假说的医学知识就这样被代代传授下来。例如，盖伦认为血液是由肝脏不断产生，然后消失于身体各处，而心脏的作用是产生身体所需的热能，并让血液充满"生命灵气"，肺的功能则是帮忙调节散热。

威廉·哈维（William Harvey, 1578 – 1657）是盖伦理论的挑战者之一。他用简单的逻辑开始推想，如果心脏的容量是 60 毫升，就算每次搏动只挤出八分之一的血液，那么将这个容量乘以一天的心跳总数，所得到的血液数量将远远超过一个人的食物摄取量，甚至比体重还要重，所以这个理论一定有问题。哈维有个简单的推论，他猜测血液绝不可能源源不断流出，而是以某种循环的方式被回收再利用。最终，凭借着这种"不满足"的精神，哈维用解剖和实验证实了他的假设，也成为史上第一个发现血液循环的人。

谁会不满足？发明家、建筑家、艺术家……高手都不满足自己

发明家托马斯·爱迪生因为不满足，发明了留声机，改良了灯泡。发明家尼古拉·特斯拉因为不满足，改良了交流电系统。艺术家张大千因为不满足，创造了泼墨与泼彩画法。建筑师安藤忠雄因为不满足，改良了清水工法。

你会发现，不满足的人，充满斗志和创意，他们脑子里就是不满足于现况。不满足的人，抱有比别人更多的怀疑，真的只能这样吗？我还可以更好吗？

第二，打破框架

我们常被自身现有的知识与能力所束缚，在我们有限的判断力下，只能说出"不可能"这三个字。

是的！如果用旧的方式去想，答案当然不会改变。所以，有时候必须换一种方式去想。当我们面对各种问题时，不能总是用同样的方式去想。学习应该有的态度是——打破框架。

换了位置，就换了思维方式。同样的，换了思维方式，就换了位置。我们可以用几种更高维度的概念或练习，来使自己学会打破框架：

① **形随机能**（Form follows function）：因人设事、因事变形，不用一种方法解决所有事。

十九世纪由芝加哥学派建筑大师路易斯·苏利文（Louis Sullivan, 1856 ~ 1924）提出的理论，强调形态是随着"机能需要"而设计或改变的。这一概念被广泛应用在设计、创意上，告诉我们设计是灵活根据当时的资源、需求、空间、材料、时间等而决定，而不是死脑筋地根据旧制度说出一些不可能的大道理。世界需要能解决问题的人，不缺一位没办法的人。

② **混搭**（mashup）：把两种专业加以碰撞，形成另一个新的专业。

混搭源起于音乐领域，是指将不同的乐曲混合在一起，然后产生出特殊的效果。这一概念被社会学、行为学、设计领域应用，泛指将不同领域或形态的对象组合在一起，从而产生新的体验感。工作上，也可以用混搭的方式来打破框架！我们常说山不转路转，意思是说物理学没办法解决，就试试看工程学吧！食品科技改善不了，就试试看分子生物学吧！像是纳米科技和纺织混搭，不就横空出世了保暖衣、隔热衣、防水布、无纺布这些新产品吗？

③ **角色扮演**（role playing）：演别人比做自己容易，演得久了自然演成真的。

心理学有提供个人学习角色扮演的机会，使扮演者能设身处地去扮演一个在实际生活中不属于自己的角色，并透过不断的演练，学习更深层的同理心，这就是角色扮演。在现实生活中，也可以用心灵模拟的方式来扮演一个原先不属于自己的角色，比方说扮演侦探福尔摩斯、设计师达文西、音乐家肖邦或是热心无比的雷锋，把注意力集中，多练习几次，有时候演什么自己就会变成什么角色！

④ **自我攻防练习**（attack and defense exercise）

《韩非子》里有个经典故事，楚国市场上有位商人正在叫卖他的矛，他宣称这矛无比锐利，什么都可以刺穿。接着又拿出了他的盾牌，说这盾可真了不起，什么都刺不穿。这时候有个路人提问：如果拿你的矛来刺你的盾会怎么样？商人当场呆住了，这就是成语"自相矛盾"的典故。当一个人自以为是的时候，好像什么都无法攻破，但这只是一时的假象，如果要检查理论是否完整，只要扮演反面角色攻击自己就好了。比方说，当用警察思维思考的时候，用老警察套路想如何抓犯人，总是会出现盲点，但是如果把自己想成是罪犯，那就是完全不同的状况，我们会更知道漏洞和破绽在哪里。

> 框架都是自己给自己的，愿不愿意突破框架，决定权在自己手上。

　　框架就像电脑里的木马程序，不断影响我们重复同样的错误，阻碍我们成长，试着来给自己做一个框架大扫除吧！

　　回想一下，在自己的成长中有哪些口头禅、名人名言、父母的唠叨、朋友圈、qq 的签名档或是你人生的座右铭……试着把这些都写下来：

你还在过"钱是省出来的"这样的贫穷人生吗?

"钱是省出来的!"相信不少人从小就被父母灌输这样的观念,小时候我妈妈也这样告诉我,后来,这句话成了我成长的信条。

大学毕业后,我进入电视台工作,开始承接各种各样的主持活动,每天都奔波于各种促销活动,康师傅、王老吉……一场接一场的街边路演,让我像极了电视购物里的主持人。每次看到同龄的朋友登上大型晚会的舞台,心里羡慕又困惑:为什么自己这么勤俭刻苦,就是得不到更好的机会呢?

直到有一天,一位在公关公司工作的姐姐实在看不下去了,她对我说:"婉萍,其实你有很好的先天条件,为什么就不好好打扮自己,给自己投资买漂亮的礼服,让自己配得上更大的舞台呢?"

这句话如当头一棒,打醒了我:对呀,我一直都活在省钱的模式中,从来没有想过好好为自己投资。这几年几乎一赚到钱,就存在银行,从没在自己的形象上做投资!于是,我马上拿出上个月做主持赚到的外快,给自己买了漂亮的礼服,去学习化妆,换了发型,让自己这只丑小鸭逐渐蜕变。

当我开始为自己投资，让自己绽放时，机会也随之而来，不久后，逐渐开始有大型的晚会找我主持，而我也继续投资，让自己去学习更专业的主持课程，让自己的内在和外在同步成长！直到有一天，我得到了主持张学友演唱会的机会，这一次也让我在业界有了自己的名气和口碑，成了厦门颇有市场竞争力的女主持人。

在我们人生成长的过程中，会被灌输很多信条，如果不理性判别，它们就很可能成为我们成长中的限制性信念。

当我意识到钱不是省出来的，开始学会自我投资，学着成为更好的自己，才吸引了更多的机会和财富！就像大海，大海是最不缺水的，可是所有的河流和小溪都向它靠拢！如果我们的生命想要得到更多的机会，最重要的就是不断地去充盈自己，让自己变得丰盛！

我们需要意识到，财富也是一种能量，只有让这种能量不断地流动，钱才会越花越有！走出省钱的魔咒，勇敢地投资自己，让钱成为我们的好朋友，带领我们去体验生命的精彩！

吃得苦中苦，也未必成为人上人

之前我有一个小助理，名叫双双，是个特别吃苦耐劳的孩子。有一次，我们要在大学举办晚间分享会，于是中午的时候我交代双双去买 60 只玩偶，想要在活动结束的时候，送给每一个来参加分享会的伙伴。

双双接到任务，开心地跑了出去，可是等了一下午，也没见她回来，我开始担心，是不是出了什么事儿了？

不一会儿，只见双双大汗淋漓地来到我的办公室，非常激动地和我分享她这一下午的战果："婉萍姐，我下午跑遍了玩偶的批发市场，对比了整个玩偶行业的批发价格，东市场一个玩偶差不多在 9.8 元，西市场差不多 9.6 元，如果我们去商场买一个玩偶，差不多要 18 元，但是质量会好一些，而东市场的老板说，只要我们愿意买一百个，也可以 9 元钱卖给我们，你觉得我们应该买哪一个好呢？"

听完双双的汇报，我的内心是崩溃的！"双双，你跑了一个下午，60 个玩偶，你为我们省了多少钱？可是你有算过你打车花了多少钱吗，其他的不说，你的时间就是最宝贵的财富，哪怕我让你这一下午去发传单，你也能挣好几百回

来呀！"她回复说："婉萍姐，不是这样的，事情哪有你想的那么简单，吃得苦中苦，方为人上人！"

是呀！"吃得苦中苦，方为人上人"，这就是双双在工作中的至高信条。无论我们给她任何简单的工作，她都一定会走出一条特别艰难的路，透过吃苦来给大家一种"不容易"的印象，特别希望透过吃苦而得到我们的认同。

不可否认，吃苦耐劳是一种优秀的精神，但却不能成为我们做事时无意识的选择。很多事情，就是可以轻轻松松办到的，反而却让吃苦成了我们不断为自己增加负担的借口。我们以为只有吃苦，别人才能认为我们是认真而努力的。

这就好像吃榴梿，有些人知道让水果店切好打包，既轻松又快乐，而有些人却选择整个买回来，把自己弄得鲜血淋漓，体现出自己有多么地不容易。

丢掉吃苦带给我们的框架吧！其实，我们还有另一种选择，就是轻松而快乐地实现富足。

不定时给自己来一个框架大扫除，大自然没有给人类设限，过一个没有框架的创意人生！

五个"为什么"可以帮自己逃离困局

要逃离框架，但我怎么知道自己是不是仍在框架中？我连自己是不是在框架内都不确定，更别说在框架外想事情了！有一个简单的方法可以帮助我们，凡事多问为什么，然后得到的答案再问为什么，连续问五次为止，就可以找到真正的问题所在。

比方说：

我想开一家店，卖手工皮包，但是不确认这是不是好生意→

（问一个为什么）为什么人家要买我的手工皮包？

→自答：因为我的皮包好→

（问下一个为什么）为什么我的皮包好？

→自答：因为我是手工的→

（问下一个为什么）为什么我要手工做皮包？

→自答：因为我的手艺好，而且手工的更耐用→

（问下一个为什么）为什么我的手艺好？

→自答：因为我的手艺是跟白族的老奶奶学的，而且我自己有 1/4 白族血统→

（问下一个为什么）白族手艺会不会是一个营销点呢？……这样一直追问下去，你就会得到比较清晰的答案！

（4）协同的力量

在未来职场中，如果你只有 IQ 和 EQ，往往很难拥有优势，新的时代要求我们具备另外一种能力——CQ，我们称之为协同商！

公司这样的实体在未来将不复存在，我们会以更灵活的"弥散的硅谷"的模式来进行作业：大家基于自己的能力，以项目为单位，迅速地集结成一个临时团队，共同齐心协力地完成一个项目，然后解散，然后又基于另一个项目，又与不同能力的人集结成团队，完成项目。也有可能同时会和两拨完全不同的人，去同时进行几个项目。

这就对我们提出了一个新的挑战，如何与跟自己思维模式不同的人协同创作。

有效提高协同商的方法——加入一个社群。社群化的学习，是提高自己协同商非常有效的方式。因为在社群里，大家由于同一个兴趣聚集在一起，但彼此又有完全不同的性格特点，可以互相锻炼，磨合学习。

故事案例

协同一切资源创造奇迹

在自己人生最迷茫的时候，泉州伙伴圈的圈主冰冰参与了一场公益分享会。

分享者是前洛杉矶副市长陈瑜老师，她在分享会上谈到了一个点，如果在你现有的工作中，你找不到热情和方向，那么你可以去社会上找一个公益组织，在这个组织中去做2~3年。也许，你会在这个组织当中找到自己的方向和定位，它可能是成就你未来的最重要的一个转折点！

于是，冰冰发起了泉州行动派伙伴圈，并且在泉州这样的三线城市，透过自己的协同能力，吸引了一大波同频的小伙伴。她通过邮件和电话，邀请到了内心引力的导演和主创团队，在泉州发起了一场300人的大型观影会，并把这个观影会的模式进行传播，让中国近十个城市也同样发起了这类大型的观影会活动！

一个人的力量是有限的，而冰冰总是能够协同更多的伙伴一起去完成这样的事情，不但完成了自己生命的蜕变，也获得了未来职场中最重要的一项技能——就是和不同能力的伙伴去合作，共创！

在泉州的伙伴圈中，有非常可爱的小萝莉，也有50岁的大叔，但是冰冰都能合理地把这些人的优势协同起来，创造了这样在三线城市举办大型活动的奇迹！

　　未来并不遥远，当我们做出行动，做好准备时，未来，现在就来！

3. 探索你的高效能学习方式

判断哪种方式更适合自己

科技不断进步，网络信息的速度是从前的几兆倍，今天学到的尚且无法应付今天的问题，更别说是几年前学的知识了！要记得，有些知识是有保质期的，所以，我们必须经常学习新东西。

定期"喂食"我们的大脑，经常训练我们的大脑，尤其我们想保持领先，意味着我们必须随时准备好，以面对未来各种各样的问题。

处于知识大爆炸的时代，我们必须探索适合自己的学习方式，才能高效且愉快地学习。

来摸底自己的个性吧！

说说看，你平常的学习管道是什么？图书、报纸、网络、有声书、工作、聊天、上课、广播？请把这些全部都写出来！

探索自己的学习方式

你有学习假象吗？查看以下列表，打"√"或"×"，选出符合自身实际的情况，看看自己的学习效果如何，并探索最适合自己的学习方式吧！

学习管道	是否正面、实用且真正对我有帮助？	是否改变了我的学习方式？	是否有效？	是否带给我持续性的改变？	为什么？
图书					
报纸					
网络					
工作					
聊天					
上课					
广播					
电视					
电影					

示例:

学习管道	是否正面、实用且真正对我有帮助?	是否改变了我的学习方式?	是否有效?	是否带给我持续性的改变?	为什么?
图书	✓	✓		✓	每天能坚持
报纸			✓	✗	信息杂乱
网络	✓		✓	✗	定性不够
工作	✓	✓		✓	持续有挑战
聊天	✓	✓		✓	有很多启发
上课	✓	✓		✓	认知升级后的行动也高效
广播			✓	✗	听得不多
电视			✓	✗	容易分神
电影	✓	✓		✓	很精彩,收获很多创意和感悟

每天只有 24 个小时,我们需要将宝贵的时间投入到对我们最有价值的地方。

当我们了解了对自己有效的学习方式之后，才能为梦想制定有效的学习策略。

比如，当我的梦想是"轻松地成为烘焙达人"，而我又测出自己的有效学习方式是阅读、上课、聊天，那么，我就可以制订一份适合自己的学习计划。

示例：

我的梦想	轻松地成为烘焙达人
对我来说有效的学习方式	相应的学习计划
阅读	看 20 本与烘焙相关的书籍
上课	报名烘焙培训班
聊天	拜访五位烘焙达人

通过这样梳理，是不是感觉自己离梦想越来越近了呢？现在请从你的梦想清单中挑选一个来制订你的学习计划吧！

我的梦想	
对我来说有效的学习方式	相应的学习计划

4. 五个练习教你避免学习的假象

你有学习假象吗？这个问题的答案反映了你的学习是不是有效果。很多人只会用"眼睛"学习，而脑子"误认为已经学会"，事实上，自己根本没有学习到知识。请记住，依靠看来学习，远远比不上用身体去学习！

"这我懂！这我知道！这我明白！"是一个误区，请务必让学习假象远离自己！行动起来，不要只靠大脑去记忆、学习，要用自己的脑、眼、耳、嘴、手、脚去实践！坐而言不如起而行，现在立马练习一下该如何思考！以下这些问题是有连续性的，请完整回答第一题之后再回答下一题，不然问题会卡关哦！

练习一：练习问自己一个思考过的好问题

马上阅读一本书的一个章节、读一则新闻或是回忆曾经看过的电影，然后对于刚刚看过的内容，问一个能够全面概括所有信息的问题。比方说，"为何要用西天取经的题材呢？"刻意地练习自己抓取重点信息的能力。快来试试，问一个好问题吧！

练习二：三角形逻辑训练

任何普通事件，在数据、理论、主张三个方面都应该表现出一致的结果。数据是得到的信息，也可以说是一种客观的事实。理论是已知的原理或是法则，是已经被许多人验证正确无误的。主张则是我们自己的推论、想法或是意见。当一个问题出现的时候，我们不能只有主张，应该再思考一下数据在哪里，能够支持我们的想法吗？理论是什么，我们依据的是什么？最后再把这三方面放在一起，才能说自己的主张"可能是"正确的。

现在，接着上一个问题，试着给自己一个答案，然后问问自己数据、理论、主张各是什么吧！

我的主张（针对"练习一"问题的答案）

数据是

理论是

练习三：学习抓住关键词

这是一个很重要的练习，绝对不可以跳过。因为我们无法快速、完整地记得所有的情节、句子、画面、过程，因此我们需要学会快速抓取关键词。

先练习一下，从"练习一"的书 / 新闻 / 电影 / 短文着手，看看可不可以抓取出一些关键词：

检查一下，以上写的这些关键词能表达出事件的关键点吗？把核心事件讲清楚了吗？

练习四：把结构写下来

"知道"跟"学会了"是有差距的。光靠脑子记忆是很不靠谱的，因为可能下一瞬间就什么也不记得了，最好的解决方式就是启动身上两种以上的器官帮自己记事情！现在拿起笔，把上面书 / 新闻 / 电影 / 短文的结构写出来。

范例：

男主角→发现自己不是麻瓜→到学校学魔法→认识朋友

→发现秘密→破解阴谋

练习五：追问"为什么"

前面我们做过连问五个为什么的练习，可以帮自己逃离困局的练习，当你熟悉并掌握要诀之后，可能不必五次，或许问三次就已经有了清晰的思路。追问为什么是另一种进阶问法，当我们问问题的时候，针对上一个自己提出的问题进行反思，透过感想或是心得，问出更深刻的问题。有时候，当我们受启发再问新问题时，常常可在思索问题中获得新的答案。

比方说，如何让雾霾消失？→为何会有雾霾？→PM2.5是从哪里来的？→其他国家也有PM2.5吗？→人家是如何解决的？在这些追问之下，常常我们已经想到了可能的解决办法。

Tips：据说达文西会有这么多元的创作，全是因为他经常保持着高度的好奇心。有一句俗语说，打破砂锅问到底，聪明的人容不下未解的疑惑，他们会不断地问自己问题，看看自己是不是还遗漏了什么。

CHAPTER 2

行 动

1. 敢行动，梦想才生动

有一次我参加一个论坛，为了能够使同学们真正行动起来，并在现实中跟我一样发生美好的连接，我准备了一个小游戏互动。只要在微信公众平台回复"挑战"二字，就可以看到游戏规则，即通过一切办法得到我的私人邮箱并给我发邮件。只要能够打动我，我就邀请他与我共进早餐。

当天现场有 400 人，拿起手机扫描关注并回复关键词"挑战"的有 150 个人左右，看到挑战形式之后，真正动手参与并发邮件的人是 20 个人左右，而在 20 封邮件里面，动心思认真写申请理由的仅为 10 个人。

你看，同样都在听分享会，最后真正动手的只有这么少的几个人。这就是大多数人都面临"听了很多道理，却依然过不好这一生"困境的原因。因为你仅仅只是听呀，并没有行动起来，没有坚持到底。在我们人生的马拉松跑道上，每一段路都会有很多人停下来，他们会因为各种原因退出跑道，但成功的人，能够成功的原因不外乎两个，行动和坚持。

立即行动，是迈向成功的第一步。

美国经济学家约翰·梅纳德·凯恩斯（John Maynard Keynes）认为，态度引导行为，行为养成习惯，习惯造就性格，性格决定命运。所以，不能只想着赢，你要做使自己不输的事。人人都想着要赢，可是"想"是一种自我陶醉，是一种脑内自我构思的过程，事实上在"想"的过程中，你什么都没有；"做"使自己不会输的事是一种进展，就算它只是一种试验、练习或是小小的挑战，都代表你在累积经验，这个行动是什么都无法取代的！

立即行动意味三件事，前两件事也有因果关系，第一件完备了，第二件自然也就没问题：

第一件事，事前的充分准备：平时锻炼身体、打磨毅力、强化意志力！

第二件事，抓住眼前的机会：适时主动迎击、接近机会、拥抱机会！

第三件事，没机会就创造机会：打造适合自己的舞台，好好发挥，创造奇迹。

我们一定要记得，任何机会不会凭空出现，一定要主动寻找，才有可能看到成功的可能。机会在自己手里，光靠想是不会有成果的，自己必须开始向上爬，只有开始才会有机会。

与此同时，失败是路上的风景，山高水远，别担心遇上失败，失败是常态，这座山没法爬，还有很多座山在等着我们。失败并不可怕，路上遇到的挫折、痛苦、难过、麻烦、开心、欢乐……再正常不过。请记住！你遇到的这些将是以后最宝贵的资产，日后当我们回顾时，我们一定会不断珍惜这段旅程的。

拿回选择权

谁是我们生命的主人？我在为谁卖命？生命是一种选择，"我选择这样做"跟"我不得不这样做"不同。"我选择"

是我的选择，是我思考的结果；"不得不"是被局势所迫，是非自愿的行动。如果不做自己，那我们活着跟一条咸鱼有什么区别呢？

卡内基·梅隆大学（Carnegie Mellon University）娱乐技术中心的杰西·谢尔（Jesse Schell）博士，曾仔细研究了人们娱乐背后的心理。杰西除了担任自己游戏工作室的 CEO 外，也花了数十年的时间，潜心研究为什么人们愿意花费大量的时间玩"愤怒的小鸟"或"魔兽世界"这类游戏，而且乐此不疲。更重要的问题是，为何宁可花时间在游戏上，而不将这些"宝贵的时间"用在求学、工作上？

根据杰西的说法，行为是一种"想要"与"不得不"的选择，这两者决定了做事的动机，也直接决定了做事的效率。在这样的理论下，游戏属于"想要"的动机，因此效率更高。而求学、工作常处于"不得不"的动机，因此不但开始就感到被阻拦，执行效率也更差。

"想要"与"不得不"看似是对立的，像开关的"ON"与"OFF"键，但是这两者的鸿沟，却并没有想象的深。也就是说，有一个神秘的小动作，可以当这中间的杠杆，只要有了它，你就能轻易在这两者之间巧妙切换。

把"不得不"换成"想要"，你需要这样转换思维：

案例	"不得不这样"的人这样想	"我选择这样"的人这样想
老板要你完成一个提案，把商品卖到日本市场。	真烦，老板又叫我做事了！	这是崭露头角的机会，趁这机会，应该好好大显身手。
老板征求你意见，看你愿不愿意到美国分公司上班。当然，你此时的英文程度可以说是一塌糊涂。	你是在整我吗？明知道我英文不好，还坚持要我去美国？不去，死都不去！	机会难得啊！先答应再说，马上恶补英文，剩下的到当地再学。别怕，老美的中文比我的英文还差。
女朋友要过生日。	怎么办，要怎么挑礼物？	我想要给她一个惊喜！
周末到了，无所事事，准备买零食在家看电影过周末。	又一个无聊的周末，不知道有什么地方可以去，太闷了！	刚好趁机去书店逛逛，补充一下自己的知识！约老朋友喝茶，看看他们工作有没有遇到什么好玩的事。

2. 行动前的"三思"

（1）做有价值的事

什么是价值？价值就是被需要的程度。在家中，被父母需要，这是我们的家庭价值；在工作中，被伙伴需要，这是我们的事业价值；在社会中，被他人需要，这是我们的群众价值。那么，我的价值有多高？我被需要吗？请好好思考，价值对我们的意义。价值并非自己说了算，价值肯定是透过行动积累而来的。

潘德明（1908-1976），中国第一位骑自行车环球旅行的人。

他用七年时间，骑自行车环游世界，行程长达数万里。他共游历超过四十多个国家和地区，留下许多宝贵资料。他曾自制过两本书，一本是骑自行车到西贡时自制的《长途留墨集》，另一本是在新加坡装订的《名人留墨集》。在《名人留墨集》中，他搜集了旅途所到之地的邮戳，还包含中外近一千两百多个团体和个人用几十种文字书写的签名和题词，其中各国元首的签名就多达二十几个。

林义杰（1976– ），首位徒步横渡撒哈拉沙漠的人。

他是位超级马拉松运动员，2006 年横渡撒哈拉沙漠，同年夺得世界四大极地超级马拉松巡回赛总冠军。这四个极地分别是中国戈壁沙漠、智利阿他加马沙漠、埃及撒哈拉沙漠以及南极。七天六夜长达 250 公里的长跑比赛，比的不只是体力，更是信念。

没有行动，没有累积，也就没有价值。价值是从他们踏出的第一小步开始！那步伐开始虽小，但是却坚定无比，不到终点决不停歇！

试着写写看，我们有没有什么行动正在进行经验累积？

（2）做真正重要的事

我们不可能每一件事都做完，所以要学会浓缩时间，做真正重要的事。

《高效能人士的七个习惯》作者史蒂芬·柯维（Stephen Covey）认为，很多貌似认真、整天忙碌、但是效率又欠佳的人，根本的原因在于"搞错了方向"。这就好比你的目的地在北方，而你却一直开往东方，方向搞错了，这样下去，就算你开得再快也到不了目的地。这么做不但虚度时光，还会导致你自怨自艾一直抱怨为什么没有得到应得的回报。

史蒂芬·柯维提出一个时间管理矩阵的概念，用重要程度、急迫程度制作一个矩阵，帮助我们判断什么事情该做，什么可以等一等，什么是非做不可，而什么是可以不必理睬的。

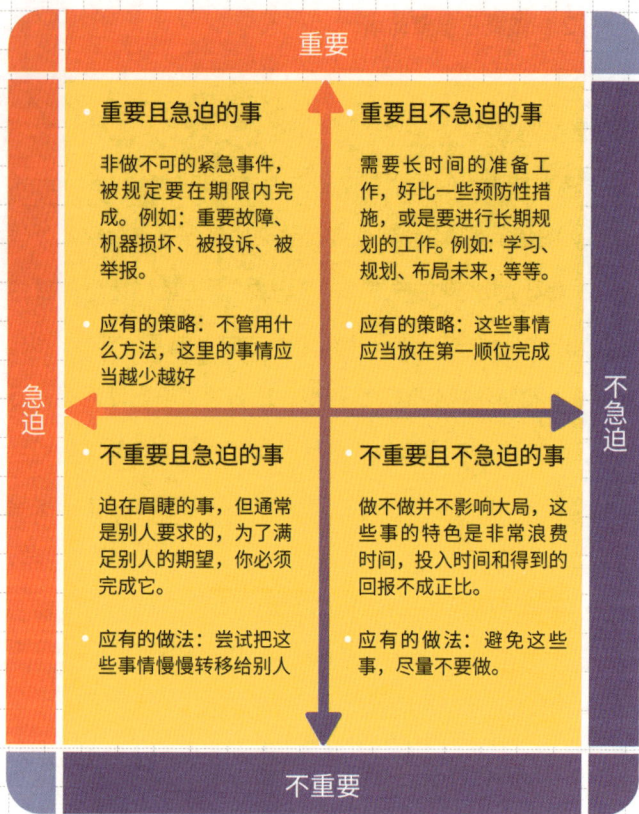

	重要	
重要且急迫的事 非做不可的紧急事件，被规定要在期限内完成。例如：重要故障、机器损坏、被投诉、被举报。 应有的策略：不管用什么方法，这里的事情应当越少越好		**重要且不急迫的事** 需要长时间的准备工作，好比一些预防性措施，或是要进行长期规划的工作。例如：学习、规划、布局未来，等等。 应有的策略：这些事情应当放在第一顺位完成
不重要且急迫的事 迫在眉睫的事，但通常是别人要求的，为了满足别人的期望，你必须完成它。 应有的做法：尝试把这些事情慢慢转移给别人		**不重要且不急迫的事** 做不做并不影响大局，这些事的特色是非常浪费时间，投入时间和得到的回报不成正比。 应有的做法：避免这些事，尽量不要做。
	不重要	

（左侧：急迫　右侧：不急迫）

当我们以重要程度、急迫程度制作一个矩阵后，一个重要的原则浮出水面，那就是：重要但不急迫的事，才是真正该最先做的事！

柯维认为：

① 重要性才是衡量生命与价值的唯一方法，急迫的事最好不要发生，你平时就要预防这些事。

② 急迫表示是突发事件，你该终止它的再度发生，使这样的事减少发生。而不急迫的重要事情通常都跟长远规划有关，我们该投入更多倍的心力去做。

现在，我们来想想，什么是我们"重要但不急迫的事"，把这些事列在下面：

1. _____

2. _____

3. _____

4. _____

5. _____

6. _____

7. _____

8. _____

无用的热情搭配有效的行动，就像表错对象的啦啦队，毫无效果。

有用的热情搭配无效的行动，就像加速过猛却没有方向舵，一样毫无效用。

唯有带着热情走向对的方向，才能开启梦想的大门。

（3）行动从小地方开始

聚沙成塔，滴水穿石，再高的大楼也是从平地开始的，注意脚下的步伐，行动从小地方开始就好。行动忌讳眼高手低，没看清脚步就跨出去，不跌倒才怪！缺乏经验更要谨慎。遇到障碍了吗？别怕，现在看看可以怎么做，让我们更容易起步：

❶不断累积小经验，再挑战大难题。心理学研究表明，先从完成小事情开始，创造正向的成功经验，然后再慢慢放大难度，这样比较容易成功。

❷把一个大目标拆解成几个阶段性小目标。有些梦想无法一次到位，需要把一些基础项目完成，再不断从这个基础上叠加上去，才容易成功。

❸除了思索做事的先后次序外，还要思考必要性。如果

资源有限，做哪件事能产生最大的效果？把力量放在"重要但不急迫"的事情上，这才是目前最要紧的事。

❹做好规划，安排以周、月为单位的计划，每日确定隔日与后几日要做的工作，做完或没做完都要记录。每天养成习惯，检视明后天的工作以及后面几日的重要事项，预先准备会让自己心理压力减轻许多。

❺记得一段时间后回顾！比如一周结束后，可自问完成了哪些目标？什么东西被延误或作废了？遇到哪些挑战？自己是如何处理的？每周花一点时间进行自我检讨，这样才能让自己越来越好。

　　猫小姐是一个 HR, 她刚刚参加我们姐妹同修会的时候,特别胆小害羞, 每次都躲在角落看着我们在那里滔滔不绝,有一次我们在分享彼此的梦想清单时, 猫小姐特别羡慕, 她觉得我们好厉害, 可以实现那么多的梦想, 而她自己笨笨的, 就算写了梦想, 又怎么可能会实现呢?

　　于是我们问:"猫小姐, 你最大的梦想是什么?"她说她想拥有一家自己的甜品店, 可是要实现这个梦想真的好难,要开一家甜品店, 怎么也得存二三十万, 以她现在的工资和家庭条件, 起码得用十年二十年的时间吧!

　　后来同修会的伙伴都鼓励她, 既然有这个梦想, 就不妨为它去做出行动吧! 她说:"既然我这么笨, 那我就一年只做好一件事吧, 既然我想开甜品店, 那今年我就去好好地学烘培!"

　　第一年, 猫小姐利用一切业余时间, 去学习各种各样的烘培技术, 一年之后, 猫小姐真的成了一个烘培达人, 每次我们举办活动, 她都会准备各种各样的新品蛋糕请我们品尝!

　　第二年, 猫小姐说:"我觉得我现在的蛋糕做得很好吃,

可是不够好看，不如今年我就去学习插花，去系统地提升自己的审美！"

第二年，猫小姐就踏踏实实地去学插花，这一年我们发现猫小姐的蛋糕发生了翻天覆地的变化，变得越来越好看了，有各种各样的创意造型和色彩搭配，每一次她把蛋糕带到我们的活动现场，我们都忍不住用手机拍拍拍！

第三年，猫小姐决定去系统地学习摄影，因为她觉得我们每次拍的照片都不好看！她想把自己的蛋糕作品拍得更好看，这样就能够分享到互联网上，让更多人了解到烘培和插花的乐趣。

当猫小姐在第三年做出这样的行动时，她的生命也发生了翻天覆地的变化，开始有越来越多的人关注猫小姐的微博向她预定蛋糕，她也被邀请去做烘培和插花的分享，开始有咖啡馆在开业的时候和她洽谈，是否可以在烘培的部分跟她合作！

短短三年的时间，当猫小姐一年只坚持做好一件事，并勇敢地为自己的梦想积累技能时，奇迹发生了！以往我们会受限于想要开一家甜品店，就必须存足够的钱，但当我们愿意为自己的梦想付诸行动时，就会发现，像猫小姐一样，不用太久的时间，就已经实现了自己的梦想！

所以，不要忽视我们每一天的小行动，当我们愿意去迈出行动时，奇迹就已经在向我们招手！

3. 四个让梦想落地成真的秘诀

我们去爬一座山，能登上顶峰固然重要，但是真正有价值的，却是整个攀登的过程。在山脚下的准备，在山腰处的步步为营，在山颈处的辛苦攀爬，直到最终到达了山顶。当你站在山顶，除了享受短暂的果实外，你其实什么都不必做。

人生和爬山何其相似，只不过我们要爬的山更多、更复杂，靠的也不单纯是体力，更是智力、毅力和胆识的综合挑战。每个人根据自己的能力，订出了想要爬（也代表自己有把握能爬）的山峰。在学校的时间，我们花时间锻炼自己的学识，进了社会，我们靠摸索与自学，逐渐有了底气，开始慢慢向上攀爬。

故事案例
被拒绝四次也不放弃的单亲妈妈

　　故事发生在 1990 年，女主角乔安娜是一位单亲妈妈，她当时正带着女儿搭乘曼彻斯特开往伦敦的区间火车，没想到碰上长达四个小时的延误。就在这时候，一个在巫师学校念书的小男孩的故事突然出现在她脑海中，她趁延误时慢慢把这个概念勾勒成形，发展成一个较完整的故事，随着后来不断发展、润饰，终于完成了一部以巫师、学校、魔法、解谜为背景的小说。

　　她兴奋地开始投稿，拜访出版社，但是心想事不成，她遭到了许多出版社的果断拒绝。面临失业和不断被书商拒绝的窘境，她从不放弃机会，努力地用耐心突破现实的困境，终于寻找到愿意出版的书商。布鲁姆斯伯里（Bloomsbury）出版社编辑贝瑞·康宁汉（Barry Cunningham）把乔安娜的书稿带回家，她女儿看完便急着想知道后续，这让康宁汉觉得可能有出版商机，于是便支付了 1500 英镑稿费并出版。乔安娜，全名是乔安娜·罗琳（Joanne Rowling），J.K. 罗琳是她的笔名，这本书就是大名鼎鼎、家喻户晓的《哈利·波特》。

（1）快速行动的秘诀——72 小时法则

《财富自由之路》的作者博多·舍费尔说："当你决定做一件事情的时候，你必须在 72 小时内完成它，否则，你很可能就永远不会再做它了。"

一件事情被拖延得越久，你开始做它的概率就越小，如果拖延一件事情超过 72 小时，你总能找到足够的理由不做它。有时候我们觉得时机不成熟，等好好思考、好好准备后再说，可能就一直准备下去了。99% 的人，一辈子都在做准备，但有一群人不同，那就是有突破性行动力的人。

故事案例

一张照片邀请到 TED 亚洲最佳演讲者

有一次，我在网上看到了火星爷爷的视频，觉得太棒了，非常想邀请火星爷爷来行动派做分享，可是当时并没有任何人脉资源可以连接到火星爷爷。

于是我就在网络上搜到一张照片，乍一看那张照片并没有什么特别，但我放大好几倍后看到有一个小角落模糊地写着一个邮箱，但根本看不清准确的数字，于是我马上一个个数字套进去尝试，给每一个可能的邮箱都发送了一封邀请邮件。

最后，就是通过这张模糊的邮箱照片和快速突破的行动力，2017 年夏天，我们最终邀请到了火星爷爷来行动派做分享。

(2) 持续行动的秘诀——精微小习惯

所谓精微小习惯，就是那些"小到不可思议，小到一分钟就可以完成，小到你无法放弃的事"。比如，如果你想要养成跑步的习惯，那么你就可以给自己定一个"每天穿上一次跑鞋"的精微习惯。因为通常当我们真的穿上跑鞋的时候，就会想"既然鞋子都穿上了，就下去跑几圈吧"。

当我们采用精微习惯的时候，每天写五十个字，看一页书，这样让我们自我消耗变得非常少，因为一开始感觉到很容易，消极情绪的抵抗性逐渐降低，主观的疲劳消退。大脑告诉我们：这是非常容易的，并不困难。

一旦迈出第一步，行动前额阻力就会消失。而且精微习惯的另外一个策略是可以由此及彼，因为养成一个精微习惯带来的成就感，逐渐会使你养成两个、三个甚至更多的好的小习惯。这就像滚雪球一样，生活中好的小习惯会变得越来越多。

精微习惯和我们平常养成的习惯相比，有几个独特的好处：

与常见的 21 天训练营不同，它没有一个截止日期，你可以一直做下去。 每天做一个简单的习惯是可以轻松完成的，而这种完成后的成就感会鼓励你一直走下去。

做计划的主人，而不是使你做的计划成为你的主人。精微小习惯很容易完成，不会让人有一种受控制的感觉，而受控制的感觉一旦出现，我们的逆反心理就会使我们很难继续把这个计划执行下去。

从精微小习惯开始起步

为了达成目标,你本月最需要养成的精微小习惯是什么? (≤3个)		
内容	定时	定点

习惯库：

（1个月）行为类习惯

- 每天早晨翻开书
- 每天睡前看一次梦想相册
- 每天早晨听一首歌
- 每天睡前记录一件美好的事

（2个月）身体类习惯

- 每天睡前盘腿坐一次（冥想）
- 每天回家后做一个俯卧撑
- 每天早晨穿上心爱的跑鞋

（3个月）思想类习惯

- 每天上班后说一句赞美他人的话
- 每天睡前写"小成就"日记
- 每天早晨做1分钟镜子练习
- 每天立马做一件想做的事

(3) 靠谱行动的秘诀——检核清单

古人说聚沙成塔、积少成多，这句话对做事也同样适用。当我们要展开一个比较大规模的计划前，最好先累积些相关的成功经验，挑战规模比较小、同类型的计划，再逐步扩大自己的范围。

但我们也知道，要展开计划确实需要一些动力，很多想法常常只在脑里运转，却从来没有被落实过。除此之外，比较大的计划盘根错节、相对有点复杂，这也会让我们顾此失彼，经常把一些环节搞错。这时候，替自己制作一份专用的检核清单就会派上大用场！

检核清单制作有三个步骤：

A. 列出大步骤。

B. 将每个步骤的任务细化。

C. 制作成检核清单。

现在我们以出国旅行当作范例，看这三步该怎么做。

1. 列出大步骤

(1) 行程规划 (2) 护照和签证 (3) 衣物与随身用品 (4) 药品 (5) 兑换外币

2. 将每个步骤的任务细化

(1) 行程规划

A. 住宿 B. 交通 C. 美食 D. 景点（在这只举例其中之一）

3. 制作成检核清单

（找一张白纸或在笔记本空白处制作检核列表）

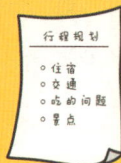

行程规划

○ 住宿
○ 交通
○ 吃的问题
○ 景点

4. 完成后就在前面打钩

（随身携带检核清单自我监督，做完就打钩）

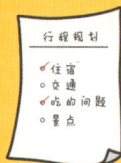

行程规划

✓ 住宿
○ 交通
✓ 吃的问题
○ 景点

现在，我们就练习一下如何制作检核窗体，等习惯之后，可以在自己的笔记本上，或随手拿一张白纸，立刻展开自己的计划。

我的目标事项：

1. 在此列出这件事大步骤

2. 在这里将每个左边的步骤任务细化

（4）高效行动的秘诀——反思

你觉得自己的人生精彩吗？不管是精彩、痛苦、开心或是悲伤，不变的是人生不可逆转。我们花再多的钱、用再大的力气，时间也回不到过去，发生就是发生了。

但是未来总是充满了未知性，我们无法预知未来，不知道下一分、下一秒将会发生的事。而这也正是我们最大的资产：把握当下，我们仍能决定下一步的方向！

现在，稍微停下脚步，好好想想我们的过去：

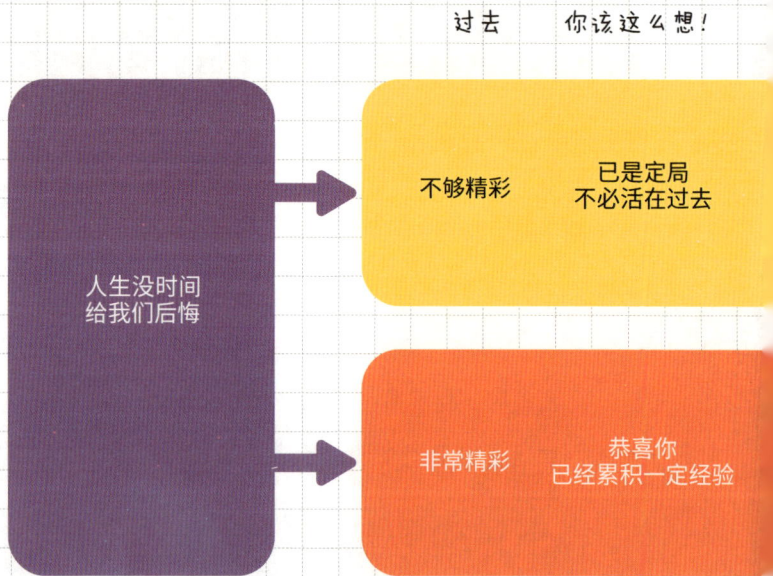

过去　　你该这么想！

人生没时间
给我们后悔

不够精彩　　已是定局
　　　　　　不必活在过去

非常精彩　　恭喜你
　　　　　　已经累积一定经验

现在你该这么做！ 未来

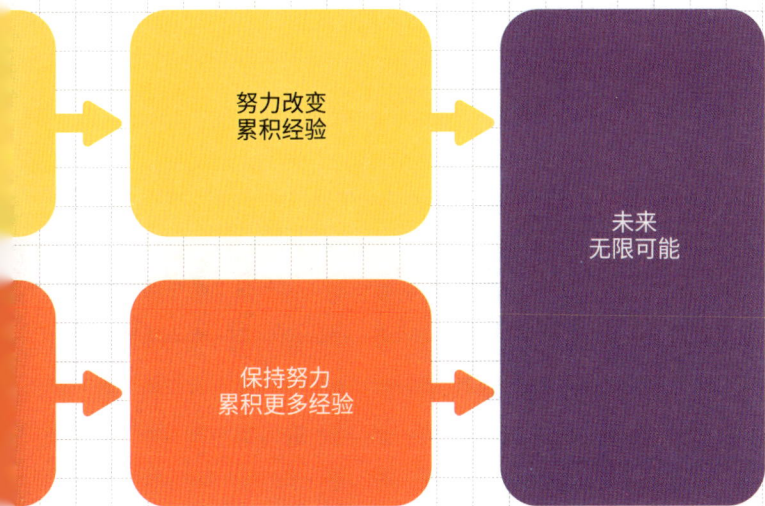

努力改变
累积经验

保持努力
累积更多经验

未来
无限可能

无论过去如何，我们都该积极面对未来的无限可能。但是请记得，偶尔停下脚步是必要的，我们要给自己回顾的时间，花一点时间再确认几件事：

- 我的方向对吗？
- 我的做法对吗？
- 我的态度对吗？
- 我的结果对吗？
- 还有什么值得我改善、弥补、增加和进步的吗？

透过自我反思，我们更能知道自己的目标在哪里。

反思小技巧：每个人在回顾、反思的过程中，会发现更多专属于自己的特殊反思技巧。比方说，有人适合晚上静静冥想，有人则适合慢跑思考，还有人习惯睡前做个小整理，然后再安静入睡。但是你需要养成固定习惯，因为好习惯是成功的基石。科学家告诉我们，养成习惯可以借助些小道具，比方说写张字条或是准备个立牌、桌垫、雕像、具有特殊意义的玩偶都是不错的暗示。这样，你可以每天工作之余看到，顺便启动自己的反思程序。

4. 七个方法，让梦想热情不减

我们都知道，实现梦想最重要的是拥有持续的行动力！可是想要保持持续的行动力，却又是非常艰难的一件事，哪怕我们心里知道，梦想是需要付出努力的，可是依然还是会有重度拖延症？

当我们为自己的梦想种下一颗种子时，我们就要为这颗种子启动破土而出的能量。一颗种子想要长成参天大树，需要的是持续生长的动力，这个动力就是热情！

实现梦想最重要的一步就是为我们的梦想注入热情的"燃料"，当我们的每一步行动都是处在热情的状态中时，让热情带领着我们前行，你会发现，每一天的行动，都充满了幸福和愉悦！

找到生命的热情，是对抗拖延症的终极法宝！

——海南行动派伙伴圈　晨曦

2016 年 12 月 31 日，对我而言就像是一颗闪亮的钻石。因为在这一天，我做了人生中第一次热情测试。那天晚上零点跨年时，我发了这样一条朋友圈：迎接充满奇迹的 2017，活出自己，是对自己的誓言。直到现在我依旧能够回忆起发这条微信时心中燃起的那股力量，这股力量温柔又坚定，而从那之后，我真的开始了不可思议的 2017 年！

当你做好了准备，全世界都会来帮你

跟随行动派多年来，我也算是一位梦想清单的"老司机"。每年的清单都能完成一大半，但其实我心里很清楚，这些清单背后都透着一股胆怯，这种胆怯是对自我的不相信，偶尔会有怀疑的声音："你真的可以吗？""你值得拥有吗？"

那些被"不自信"掩盖的大梦想，在热情测试中被点燃了。珍妮特老师让我们写下：当生活在理想状态中时，你在做什么。我开始大胆畅想，我看到自己站在一个大型剧场的舞台上激情洋溢地演讲。我写下了"当我的生活在理想状态下时，我充满激情地站在500人的舞台上演讲"，接着我继续畅想了九条热情选项。在随后的热情筛选中，这条畅想的分数一直保持最高。

热情测试结束后，仿佛被某种力量指引，我开始鼓起勇气为我的热情做准备。首先阅读演讲书籍，接着每天看一个TED视频，我还开始准备演讲时穿的服装，仿佛我随时都会登台一般。

紧接着，神奇的事情发生了，2017年3月1日我接到了人生第一个演讲邀请，一场130人的演讲，紧随其后的演讲邀请不断，从130人到300人，从省内到省外。在2017年11月，我终于实现了一场500人的演讲。

那次同台的演讲嘉宾中，甚至还有两位是我的偶像。演讲结束后，我听到全场热情的掌声，从舞台上走下来时，其中的一位偶像主动要了我的微信，说我表现得超级棒！那时的心情真的难以言表，实现热情的感觉真的太棒了！

热情的火种不会熄灭而会越燃越旺

2017年整个上半年，当我活在热情里时，我强烈地感受到自己内在力量的提升。天知道我之前是个多么"讨好型人格"的人，但这种力量让我不再去在意他人的眼光和评价。

我开始想要帮助更多人探索内在的热情力，于是我报名了热情测试导师班。这一次的课程不仅帮我突破了我职业中的瓶颈，还带领我走向了充满奇迹的生活。在珍妮特老师的带领下，我做了人生中第二次热情测试。这次热情测试得分最高的畅想是：我开心地在巴黎各大美术馆中寻找灵感。每次想到这个画面我都忍不住嘴角上扬。

这次课程结束后，我开始作为热情导师帮助大家探索热情，每次帮助别人都给了我更多内在力量，我也开始更多地分享我的生命经历，同时开始为去法国做准备，我查询去法国的机票，看卢浮宫附近的酒店，做梦想板，把手机屏保和电脑桌面都换成法国的美术馆，顺便也开始准备去法国的服装。

随后，我接到了一个神奇的电话，一个曾经合作过的品牌在做客户的 VIP 游学项目，他们邀请我作为随团导师给大家讲服装设计和美学，计划在 2018 年随团去纽约。开心之余，我随口说了一句："是纽约呀，如果是法国就好了。"谁知对方工作人员说："晨曦老师喜欢法国是吗？我们 3 月份还有一个去法国的团，如果您时间允许，签证没问题，就邀请老师 3 月跟我们一起去法国吧。"天哪！简直是奇迹！

是的，我就这样没花一分钱在 2018 年 3 月 23 日到了巴黎，在热情测试时幻想的场景全部都实现了，并且比想象中更美好。

分享了上面关于我的两个小故事，我也想总结一下践行珍妮特老师教给我的活在热情里的力量：

清晰的力量。当你是清晰的，你的选择就会呈现在你的生活中，它取决于你的清晰程度。

在我带领热情工作坊的时候，经常被问道："晨曦老师，我不知道自己的热情是什么。"实际上，这最大的原因就是你和自我的对话太少了。我们的生活就如一瓶混了泥沙和水的瓶子，我们总是在不断摇晃，当我们让自己平静下来和自己对话时，这些泥沙就会沉淀，而你就能看见犹如钻石般闪亮的热情。

热情是生命的线索，带你一点点找到自己的使命。

没有遇见热情测试的我在做了十年形象设计之后陷入一段长久的瓶颈期，甚至想过转行。但是在探索到我的五大热情之后，才发现并不是我的职业有问题，而是我需要换一种方式定义我的职业。为这个职业设计出一套更加由内而外帮助女生的体系。2018 年，当我正在写这本书时，同体系的线上课也已经上线。热情就这样带着我突破了自己的瓶颈，找到了内心真正的使命。

意图-行动-放松

在设定意图也就是写下你的热情清单后，你要开始行动，为你的热情做些什么，珍妮特老师说："去关注热情也是一种行动。"例如我开始做梦想板、看机票、准备服装等。还有一件非常重要的事就是放松。有一些小伙伴会问我："晨曦老师，我做了这么久的热情测试，为何还不实现呢？"在我看来，这很像是"手捧沙子"还是"紧紧攥着沙子"的道理。当你的手握得越紧反而沙子漏得越快。放松下来过好当下的每一刻，或许你的热情就在来的路上。

经过将近两年的热情洗礼，我的热情测试中五大热情几乎都出现了，现在的我拥有一群充满正能量彼此互助的朋友，我开创了属于自己的形象设计系统，我享受一边旅行一边授课的自由工作状态，正过着复合式的生活：1/4工作，1/4学习，1/4陪伴家人，1/4旅行。我也开始越来越大胆地追求我其他的热情清单，同时为自己的作者身份和跨界设计师身份精进着。如果平凡如我都可以做到，相信自己，你也一定行！

这七个方法，让你的梦想热情不减

当开始努力后不久，你发现热情开始下降，很快就冷了下来。怎么办？我又变成了那个笨拙、什么都干不了的人，热情到哪里去了？热情就像柴火，再好、再多的柴也会烧完，这时候你需要适时地添柴，让自己重新燃起热情的烈火。

来试试这七个方法吧！

①**寻找一起战斗的伙伴**。单打独斗很快就累了，如果可以找朋友诉说自己的目标，让朋友扮演鼓励或是共同奋斗的角色，这样会不容易感到倦怠。

②**在心中设定一个值得学习的偶像**。这个偶像的生平，或是他曾经完成过的壮举，要跟自己的目标相类似，就算是虚构人物也没关系。

③**写下自己的目标，贴在明显的地方**。这是一种心理暗示，留下证据提醒自己，随时告诉自己必须完成这一件事。当每次见到自己订下的这个目标时，也会有自我鼓励的效果。或是设定自己的专属仪式，透过举行仪式，重新振奋精神。例如找首歌当自己的主题曲，在大门口贴上"奋斗"两个字或是座右铭，每天唱这首歌，或是默念三遍座右铭激励自己。

④**找机会向大家发表宣言**。无论在家、朋友聚会或是公司开会的时间都可以。比方说在会议室当着大家的面，大声说出自己的目标，让这个过程有点宣示、挑战自己的感觉。

⑤**制定处罚办法**。如果违反了自己订下的规章，就好好处罚自己，比方一天只能吃、喝不超过 20 元，罚做 30 下俯卧撑，或是禁止喝咖啡之类的。

⑥**制定奖励办法**。一般来说，正面激励要比负面处罚效果好得多，我见过有人设定如果这次奖金高于多少，便拨出奖金的一定比例来犒赏自己吃大餐，这也让自己在奋斗、打拼之余多了一些乐趣。

⑦**让自己休息一下**。俗话说人是铁，饭是钢，一顿不吃饿得慌，吃饱了才有力气干活。一件事做腻了没关系，好好地放松心情，暂时脱离情境，让自己与工作暂时小别，使自己得到适当的休息。

5. 扫清梦想路上的七大障碍

人生是一趟马拉松长跑，每一位运动选手都知道，一直全速奔跑，很快就没劲了。短暂的休息，是为了走更长的路。后悔那些没做过的，但从不后悔那些没做到的。只要你努力尝试过，最后有没有成功其实并不重要，过程才是你生命的精彩之处。

二十世纪初俄国心理学家布尔玛·沃夫娜·蔡格尼克(БлюмаВульфовнаЗейгарник)发现了一个现象，如果一个人未完成他手头上的工作，或暂时无法达成某个目标，那么这件事会一直萦绕在他的心中，不但会打乱他的工作情绪，也会降低工作效率。

如果想要解开这个紧箍魔咒，就要让这些未完成的工作或目标达成。这种心理上的干扰现象，就是以这位女心理学家的名字命名，称之为"蔡格尼克效应（Zeigarnik effect）"。

在我们顺利展开梦想前，就是要把这些"蔡格尼克效应"紧箍魔咒解开！

找出梦想障碍

这件事没做完，下一件事就开始了，前一件事为什么被拖累？很多原本很重要的事，为什么到后来无缘无故半途而废了？是什么让你中止或是改变了初衷？这些一而再出现的问题，是我们脑子里的木马程序，还是一种行动诅咒？这些问题值得我们好好探索一下。现在，我们思考一下这个问题，是什么原因让我们半途而废的呢？

对于自己"曾经想做，但后来却中止的事"进行盘点。

Tips：先不填写"诊断原因"，将这部分空出来。

半途而废诊断表

当时 想做的事	遇到 的障碍	当时的 处理方式	诊断原因	改进措施
举例：想写一本关于江南美食的书	写到一半因为工作忙，没时间，于是就搁置了	文档一直存在计算机里，到现在恐怕找不到了		

　　如果表格不够，我们可以再找一张纸或是贴上一些便签继续写。

障碍只是到达梦想终点的绊脚石

半途而废的原因可能有千百种，但结果只有一种，就是这件事被我们放弃了。仔细想想，这些问题真的是时间、金钱、能力等外在因素的问题吗？还是说，这些问题是自身定力、耐心、毅力、坚持等内在因素造成的？是因为有人拦着你、挡着你，还是因为你自己对自己说"不可能"呢？

专家研究指出，放弃的原因分成几大类，从这里或许可以看出我们内心的几个脆弱面。当我们知道问题在哪时，对症下药就不难。以下是常见的放弃原因，以及可能的解决办法。

没时间，总是找不出时间

没时间是真的吗？看电视、玩手机、睡懒觉这些事情总是变得出时间。时间并非挤出来的，事实上，时间是安排出来的。建议准备私人行事历，把要做的事情逐一记下，并且按照规划严格执行。

目标过高，超过自己的能力

过高的目标，不但难以实现，也会造成巨大的心理压力。建议把大目标拆成几个小目标或阶段性目标，从完成小事累积成就感开始，逐渐再挑战比较大的目标。

过程太艰难，或是步骤过多

别设定那种如果 A 完成了，就继续向 B 前进，如果 A 失败了，B 也达不到的关卡式过程。过程尽量要简单、易懂、明确、有实现的可能性，否则你不过是在为自己增加麻烦。

周遭反对，让自己没有支持者

很多人都劝你，这件事干不成的！但你过的是你自己的人生，如果已经思虑周详，风险又在可控范围内，那么相信一句话：我们本就光着屁股来到世上，其实也没什么好输的啊！

"知道"一直无法变成"做到"

迟迟没有行动，总有理由拖延，因此梦想一直停在"知道"的阶段。行动的关键在于大胆、勇敢地跨出第一步，有了经验值的累积，才能判断第二步，才有第三、第四步。且战且走、骑驴找马也是个妙招，不要总觉得只有动手做才能知道事情能不能成功。

注意力无法集中

因为存在很多诱惑，因为事情出现了小挫折，这些小问题都会让你停下脚步。想象一下，一条通往成功的路，旁边有无数条小径，每一条岔路都会是一条冤枉路。现在我们要做的，就是设定阶段目标，瞄准目标并努力冲刺，别再被其他的小挫折绊住了。

自觉努力很久，已经坚持不下去了

很多前辈说："若某件事你觉得需要努力坚持才行，那这事基本就做不成了。"没有热情，找不到方法，没有做出成绩，这时你该考虑是不是自己的目标错了？如果能进行修正，就尽早修正吧！山不转路转，这条路不通可以绕路，别一头撞上了铁墙还执迷不悟。

现在，看看前面"曾经想做，但后来却中止的事"，想一想，都是什么让我半途而废的？不断重复的坏事，表示你肯定是在哪里习惯性出错了。让我们来找找，那些重复的"病因"是什么？

请用以上这七大常见的放弃原因，去诊断"半途而废诊断表"的事件，在每一项的"诊断原因"处写下关键字，并观察是否有反复出现的原因，或者你觉得可能较严重的原因，思考一下今后可以怎么改进，让自己尽量避免类似半途而废的事情再次发生。

待改进的放弃原因：

改进措施：

CHAPTER 3

分 享

1. 有分享力才有影响力

帮助自己再次学习，内化知识

我们知道，富足、充盈的人才会分享，当一个人不断累积智慧和能力后，会达到一个满足的状态，这时候，我们可以透过分享让自己进步。

每次在说话和表达之前，我们的大脑都会事前整理一次，如果自己的理解不足，那说出的话也难以让人满意！

分享是一种自我整理的过程，同时分享的

投资回报率也很高，它一次做到了两件事：将片段知识内化为己用；练习自己的口才。

对我来说，要验证一个知识有没有充分掌握、理解，只要开口对其他人解释就能立见分晓。如果这个知识我很熟悉，那么我不但可以说出道理，对于别人提出的各种疑问，也可以丝毫不迟疑地迅速回答；相反，没有充分理解的知识，自己都迷迷糊糊的，就更别说介绍给其他人了。

我们可以把"分享"视为对知识的自我再编程，也是一种内化知识、经验的途径。例如，我们前面学过制作自己的"年表"，梳理工作履历与现有知识，这都是在自我反省与回顾的前提下，进行有系统的整理。只要自我整理达到某种程度时，累积的经验值够多，自然可以轻松"分享"给其他人。电视里的那些名人，只有从生活中不断梳理、积累，才能面对观众就自己的经历侃侃而谈。

自我反问以下这些问题：

✦ 我有没有可以分享的东西，如果没有，为什么没有？

✦ 我分享的东西质量如何，大家对我好奇还是认为内容很枯燥？

✦我分享的东西数量如何，我能像一些大咖那样随便说上一小时吗？

✦我对自己的生命有什么领悟吗？

让你的生命独一无二的方法，就是分享自己知道的不同经历。分享，是人生中最重要的事情之一，是自我对话的重要起点。透过分享，我们有机会了解哪些事情对自己是重要的，你分享的层次愈深，对自己的了解也就愈深。

帮助别人就是帮助自己

你的影响力 = 你帮助了多少人。当你觉得自己没有影响力的时候，证明你帮助的人还不够多。

不可思议的世纪对谈

　　2017 年 12 月 5 日，我们联合世界脑力锦标赛组委会、金刚商学院，邀请到了世界记忆之父托尼·博赞和金刚商业智慧创始人格西麦克·罗奇，在深圳进行了首场提升领导力与创新力的世纪对谈，两位老师以科学高效的方式，为行动派的小伙伴们揭开了提升领导力与创新力的秘密。

　　但很多人都想不到，这场世纪对谈，前后我们只用了一个星期的时间。

　　我们是怎么做到的呢？其实依靠的是帮助别人的初心。当我们联系到格西老师，希望邀请他来中国进行分享时，他留了一个他的梦想清单给我们，那就是和思维导图的发明者、世界思维大师托尼·博赞一起做一场分享。

　　而当我们尝试去联系托尼·博赞的时候，发现他恰好有一周在深圳，于是我们直接联系到他的团队，发出邀请，最后真的做到了。这场世纪对谈也成了行动派又一个闪亮的名片，帮助我们走到了世界级的舞台上。

有效地与人链接，找到同频的伙伴

当你分享的时候，其实就是在向外发出自己的信号，这个信号里有你的价值观、你看世界的角度，只有当你将这些信号向外分享、发射出来时，和你一样的人才会找到你，并且与你链接。

更重要的是，当你遇到同频的伙伴时，如何有效地和他们建立链接呢？作为人生最重要的产品，如何将"自己"介绍给其他人呢？

有一个很好的方法，可以让你在 30 秒的时间里，和别人建立很好的链接——"3W 自我介绍法"。

①W—Who：向别人介绍我是谁，并与别人产生链接；

②W—Why：展现自己的丰功伟绩，也就是自己的厉害之处；

③W—What：告诉别人，为什么要和你交朋友，你能带给他 / 她什么？

示例

Viki 的 3W 自我介绍

我针对不同的人群，就会有不同版本的 3W 自我介绍。

比如说，与我同频的伙伴介绍自己时，我会这么用：

Who：大家好，我是行动派的联合创始人，也是行动派社群的首席运营官婉萍。

Why：我最骄傲的是在创业的四年来，组建了一个全球华人青年互帮互助的成长公益组织，目前在全中国的版图上除了青海和西藏以外，其他城市都有我们的线下组织机构，海外有十个国家也有我们的社群组织，目前我们社群有 200 万的小伙伴，我们的这群小伙伴都非常青春、正能量、乐于分享！

What：如果你愿意和我成为朋友的话，我也可以把这些小伙伴介绍给你认识哦，这就意味着你以后到全球各地旅行，都会有同频的伙伴告诉你他所在的城市有哪些好吃的好玩的，可以帮助你对那座城市有更深的认识和了解，你愿意成为我的朋友吗？

如果是针对正在创业的朋友，我会这么用：

Who：大家好，我是行动派的联合创始人，也是梦想清单的首席讲师婉萍。

Why：我曾经代表中国的企业家，在日本的千人大会上发表过演讲，我曾三次受邀参与 TEDX 演讲，同时我也在全国五十三个城市开展过梦想清单的公益讲座，帮助十几万的年轻人清晰了人生的方向，活出了热情的生命状态！

What：如果需要，我很乐意到企业帮你做一场企业的内训，这样就可以对公司的伙伴们的梦想和企业的愿景进行一次校准，当所有人的愿景都聚焦在企业的使命感上时，企业就会拥有生生不息的活力与热情，你愿意和我做朋友吗？

当今社会，时间成本是非常高的，如果我们可以在短时间之内就抓住对方的关注点，使他了解你的价值，与对方建立起沟通的桥梁，就能为自己创造更多的机会去靠近梦想！

写下你自己的 3W 自我介绍吧！

3W 自我介绍

W-who	
W-why	
W-what	

2. 让分享成为你的武器

如果我们把 1 个想法向 10 个人分享，那么每个人将会听到 1 次你的想法，而你自己则会听到 10 次。持续分享自己的想法，无形之中也是在为自己未来做准备，不断积累着惊人的经验值。

如果对方听到"干货"，就有机会把"干货"传递出去，只要掌握对的时间点、对象和方式，就可以把这个信息放大无数倍。为了不覆水难收，等到想得比较完整时，再说出口也不迟。每一次的分享，**在还没开始前，我们应该把这些事先放在心中：**

① 我们的深度在哪里。分享的内容，有时候决定了别人如何评价我们。所以要分享什么，分享的内涵、层次与影响是什么，非常值得事前好好思考一番。

② 自己的理念是什么。当分享的东西想让更多人知道时，甚至希望大家接受我们的想法、理念或是价值观时，就必须抓住核心思路。分享前务必思考，我要说服大家相信什么?

③ 有备无患。每次必须事先准备好，让其他人知道我们是有备而来的，最好事前经过一番仔细调查，不轻信、不尽信、不偏颇。

④ 事实摆第一位。对于自己没把握的，"不说"跟"说错"不一样，我们可以选择不说，可以选择不去讲自己还没弄懂的，不必妄加揣测，绝不用虚假扭曲真相。

⑤ 一分证据一分话。分享前先进行自我全面辩证，反复问自己为什么对、为什么不对。再仔细多想一点，自己要分享的内容是以什么样的观点来检视的，这观点有没有支持者或是具体证据支持？

⑥ 分享能给他人带来好处。这次分享对他人有什么好处，为什么人家会听、要听、该听呢？

分享的三个重要阶段

要把分享知识当作一种武器，除了自己心理上的准备，还需要更进一步做自我练习。这种练习就像是一种基本功，先把马步扎稳了，以后做什么都会方便。

第一步、知识体系的整理

有很多方法可以进行知识体系的整理，最有效的两种方式，就是分类和拆解。

分类：可以用思维导图、便签、做笔记的方式，把同类型或相似的知识片段集中在一起，慢慢梳理这些知识，找出这些片段的相同点。无论是用列举法还是图像思考的技巧，将这些数据慢慢简化成五大项、三大项，这样就比较能够抓住主题。

拆解：把一个较大的概念加以切割，可以用几个步骤、几个要点或是几个部分拆解一个大概念，就像我们拆积木或玩具一样。但请注意，拆解不要过细，拆解后的项目数量最好不要超过五个。

第二步、自我困惑的厘清

分享其实不单是在介绍一件事，更多的时候，分享也是在脑内进行一次自我的重组织。分享与介绍不一样，介绍可以保持一定程度的客观，不带任何个人偏见，但是分享是一件很主观的事，来自我们内心的感受，这也是我们最容易发生困惑和解决困惑的最佳时机！

困惑：来自价值观念的不同，当我们暂时无法理解或难以判断时，这时会产生短暂的迷惘，让自己有点难以抉择。其实遇上了也不必慌乱，目前的经验无法解决，就先看看有没有类似或是相反的案例，好好思考一下为什么会有不同的声音。我们大可不必一开始就持反对或拒绝的态度，学习包容与忍让，有时候也是成长的重要练习。

解决困惑：决定好自己的心态，以开放、公正的态度，好好地面对这个困惑。我们可以多问为什么？那是什么？为何要这样？这个时间点对吗？我们真正在乎的是什么？在这么多事里面，哪些事是对自己真正重要的？

第三步、价值的辩证与探索

分享的内容代表着我们主观的价值观。因为分享是对着人说、写、阐述、表达，这就难免会将自己的想法传递给对方。身为一个职场老兵，正因为分享是如此的"私人定制化"，我建议各位在分享之中，好好思考一个问题：我们期望自己成为什么样的人？我们希望别人如何透过分享认识我？

唯有当人与人的分享深入到自我期望以及期望中蕴含的价值选择时，我们才会开始反思自己的角色，才会有机会进行价值的辩证与探索。比方说，我要分享我的旅游经验，旅程本身只不过是一个引子，真正精彩之处应该是什么样的机缘我参加了这趟旅程，旅程中我碰上了哪些事，而这些大大小小的故事，又带给我什么样的影响和改变？

3. 三招让你的分享更有价值

好的讲者，心中不断在思考一些事：观众为什么需要知道你正在说的这件事？谁能因为我的分享受到启发？我能够让谁受益或是得到帮助？

TED 诞生于 1984 年，创办人是理查德·沃曼（Richard Saul Wurman）。TED 是 三 个 英 文 单 词 Technology, Entertainment, Design 的缩写，即技术、娱乐、设计。TED 是美国的一家私有非营利机构，这个机构以它组织的 TED 大会而著称。TED 大会每次举办时会召集众多科学、设计、文学、音乐等领域的杰出人物共五十位，分享他们关于技术、社会、人的思考和探索等方面的议题，每个人无论是谁，无论主题再复杂都被限定必须在 18 分钟内讲完。这个每年举办一次、一次为期四天的大会，现场与会听众均需要缴付 475 美元报名费，才能入场听到这些演讲。

2002 年起，科技杂志出版商克里斯·安德森（Chris Anderson）买下 TED，也就在这一年，安德森创立了种子基金会（The Sapling Foundation），并开始着手改变 TED 大会。在 2005 年之前，TED 原本是一年一次的活动，2005 年后，安德森开始将目标放在全世界，和第三方组织合办所谓 TEDx 模式，鼓励各地、各社群举办自己的演讲。之后的三年内，全球共举办了 16000 多场演说，目前在全世界一百多个国家，平均每天就有五场 TEDx 演说。

TED 的演讲风格和成功模式，直接影响了大家对演讲的定义。像这样浓缩在 18 分钟内的迷你型演讲，被证明更能为现代听众所接受。在举办这么多年后，安德森分析了每一场演讲，发现这些讲者之所以能抓住其他人的眼球，关键原因都在这些讲者身上。安德森将这些讲者身上的共通点，归纳总结成四点。他认为一位好的讲者，应该要在演讲内容上注意以下这些问题：

1. 别太贪心，一次只选择一个最主要的核心概念呈现。

2. 身为讲者，你要在心里有这样的想法：观众为什么需要知道我正在说的这件事？

3. 从自己和观众熟悉的事物说起，一步一步建立自己心中的那个概念。

4. 最重要的一点，好概念是值得分享的，谁能因为我的分享受到启发？我能够让谁受益或是得到帮助？

感动自己

一个好故事的第一个要件，并不是能够感动别人，而是要先感动自己，只有能感动自己的故事，才能感动别人。

我有一位学生，每次只要有机会拿到麦克风，马上就会开始用近乎"卖弄"的方法把自己推向一个"被夸耀"的境界。在他演讲的整个过程中，介绍自己的丰功伟业花了一半时间，除了向众人表示他自己人脉广之外，听者无法从他的分享中汲取到一丝丝有用的信息。

这看似"与我无关"的事件经常发生在你我周遭，有时候，更会不经意发生在自己身上。《尚书·大禹谟》里有段话是这样说的：满招损，谦受益，时乃天道。自满的人会招来损害，谦虚的人才能受到益处，这就是天道。

自大狂徒，只会用炫耀的表象装点自己，谦卑之人，才会真正体会与感动。

请记住！当我们进行分享的时候，心中应该避免炫耀、自夸，要压抑心中那份蠢蠢欲动。身为一位成功的分享者，心中应该想着如何带给听众好处，让他们经历一场我们精心策划、充满知识与感性的旅程。

在我的印象中，有干货的人从不需要借助攀比来帮助自己变得更有价值，相反，他自己就是一个很有价值的人，而真正有价值的人，一般都比较谦卑。他们不断保持谦卑的道理很简单，因为谦卑的人，才容易看到自己的缺点。自大与傲慢就像一把双刃剑，虽然外表看起来光鲜亮丽，但会蒙蔽你的双眼，使你无法看见自己的短处，也容易让对方打从心里不想亲近你。

新鲜感、有干货

真材实料不怕比较，其实每个人都会被好东西吸引。新鲜感、有干货，这是多数人最喜欢的内容。

我自己设定了四、五种定期汲取知识的方法，包括阅读书籍、杂志、网站和看一些博客的文章。只要维持这些习惯够久，我们不难发现，多数知识谈不上"新"，只能说诠释的方式稍稍有所不同。少数作家懂得读者的猎奇心理，从标题就开始搞怪，或是配些比较耸动、引人关注的图片，便直接抢走了你的眼球。

当我们分享时，应该扭转思维想一想听众在想什么。坐在我们对面、台下甚至是透过网络听我们说话的听众，他们最在乎的事情是什么？在这里，我列了三个神秘配方，只要在每次的分享中适当添加，自然会产生神奇的功效。

配方一、分享新知与干货

俗语说，不怕货比货，就怕不识货！只要是好东西，必定有人欣赏。可是有一个关键点必须掌握，那就是自己分享的货有多新、有多干？这不是我们自己说了算，必须由听众来判断。因此我会建议，要验证自己的东西有多好，请先上网跟竞争对手比较一下。

配方二、设计精彩过程在里面

在分享时，设计一些辅助的行动，效果会非常惊人。比方说微软总裁比尔·盖茨，曾为了证明自己的基金会资助的"全能处理器（Omniprocessor）"净化装置有效，现场让工作人员将粪便倒入设备中，看着它们逐步被过滤成清水滴入杯内，然后他自己举杯将过滤后的水一饮而尽！他也在自己的博客中写道：这味道跟任何我喝的瓶装水一样好。研究系统背后的工程原理后，我乐意每天喝，这很安全。哇！当场大家都信了。我们可以用道具、影片、行动、表演等各种方式，强化观众对我们的印象。

配方三、加上些幽默感

肯·罗宾森爵士（Sir Ken Robinson）曾在一场"学校教育扼杀创意吗？"的演讲中讲了一个故事：

一个六岁的小女孩在上画画课，她坐在教室后面。老师说这个小女孩上课从不专心，但这堂画画课她却很认真。老师在一旁也看得入迷了，她走向小女孩，问她："你在画什么？"小女孩回答："我在画上帝。"老师说："可是没人知道上帝长什么样子呀。"小女孩接着说："他们等一下就会知道了。"

罗宾森爵士的话音刚落，全场立刻传来热烈的掌声。幽默感，是化解尴尬场面的最佳软化剂。

如何做到立刻分享？

一个简单的道理，如果想要分享有新鲜感的知识，希望内含满满的干货，那么平时就该做好准备工作。平时没有好习惯，到用时再手忙脚乱，临渴掘井，那就别想把分享做好。

你能立刻分享新知或干货吗？多数人没有准备办不到，我们不能等事情发生时再准备，相反，必须随时保持警觉！

思考必须进化，行动也必须进化，不要做手脚跟不上大脑的人。思考有创意，行为高效，才是我们的理想目标。平时不断累积自己的内涵，提升自己的水平，做一个随时、随地都可以分享的人。

没时间？没办法？没能力？这些都是自己给自己找的借口，舒适圈有强大的吸引力，要想冲破这道关卡并不容易。

但是行为会改变生活，为了做重要的事，就应该优先为这些事预留时间，慢慢地，生活就会发生一些小变化。

①预留自我学习的时间

短时间内我们可能无法改变自己的工作，但是我们可以改变自己的力量。每天、每周、每月、每季度、每年安排各式各样的学习机会，逐渐精进能力，强化自己的知识库，从各方面努力超越昨天的自己。

②预留出做优先事务的时间

不要把时间排太紧，尤其是在重要大事的前后，我们要特别空出一些时间。这些时间是所谓的缓冲时间，万一出了什么紧急情况，这些当初留下的时间就会有大用处。

③预留做计划的时间

除了做，想也是重要的一环，在我们吸收知识的同时，也要给自己时间沉淀、整理。我建议每次学习后，立刻进行分享，比如整理笔记、写一篇文章在网络上发表、对朋友口头分享，等等。这样做一方面有助于强化记忆，同时也可以帮助自己反思我到底懂了多少。

④给自己预留休闲的时间

为什么我们要给自己休闲的时间？我们不是机器，当然要安排休息的时间。给自己休息时间，也表示自己花得起时间，能让自己的大脑、身体进行实质上的修补。

让人印象深刻的表达

听君一席话，胜读十年书。不仅要让人记得我们说的话，还要让人对我们这个人印象深刻。学会让人印象深刻的表达，是现在每个人最需要、也是最重要的能力之一。

因为，**听众比你想象的要更累**。德州基督教大学的保罗·金（Paul King Benedict）博士是一位在传播学领域深具影响力的学者，他在一份名为"聆听引发的情境焦虑"的研究中指出，多数人以为台上的讲者比较辛苦，事实上台下坐着的听众也很累，但通常讲者会忽略此事。金博士认为，在一场演讲中，演说者常会在台上感到莫名焦虑，但是如果演讲时间太长或方法失当，听众也会产生焦虑感。

① **五感体验更能让人记住**

什么样的方式更能让人记住？我们不妨回想一下，一场好演讲、好分享都具备什么特质。首先，讲者看起来很专业。所以个人的表情、服装、仪态非常重要。把头发稍微理好，衣服搭配场合端庄不严肃，上台的时候抬头挺胸、步履轻松，这会给人带来好印象。接着，讲者要学习看着每一位听众的眼睛，表达出应有的自信，最好别带稿。把自己当成一个最佳演员，让听众听到、看到最佳的自己。

五感体验的精髓就是想尽办法抓住观众、听众的感官，眼、耳、鼻、舌、触觉，能抓住的越多越好。如果是女生，适宜的香水可以增添魅力，男生至少不能一身臭汗出场。至于味觉上、触觉上，要看你场地有没有提供饮料、小点心，这些方方面面的总和，会影响听者对这一次分享的感受。

② 微笑

千万记住，微笑是我们最厉害的武器之一。或许我们还没有上台的能力，只有在台下给人递麦克风的份，但是千万记住，你可以看着对方面带微笑地送出麦克风。微笑的魅力，远远超过你的想象！

记得有一次，我在某个城市租了间酒店会议室举办工作坊，在搭电梯去会场时，一位穿红衣服的女生进了电梯。我有向同乘客人点头微笑致意的习惯，致意之后也得到了她的微笑回礼。

那天活动时间拖得有点晚，而且学员特别热情，一群人进出酒店大厅闹哄哄的，把酒店搞得跟菜市场似的，我觉得这家酒店肯定要把我们打入黑名单了。搭电梯回房间的时候，我又跟那位红衣女生碰上了，照例我微笑跟她打招呼。她对我说："你们的活动一定很成功。"我好奇地问她怎么知道我是来参加活动的？她说："我在楼下碰到你们的工作人员和学员，几乎所有人都对我微笑，这给我很深的印象。她们下课都直接回家，你却搭上楼的电梯，可见你一定是这堂课的工作人员，看你穿得这么正式，搞不好还是这堂课的老师。"

真厉害！交换名片之前，我根本不知道她就是酒店的高级主管之一。她说，你们的笑容真的很厉害，让人印象深刻，欢迎下次再来我们这里办活动。

③ 我是谁?

先停下来想一分钟，问问自己，在同年龄、群体、社会中，自己属于什么样的级别？自己是群体里的领导？是主管？是普通人？是配角？还是跑腿的小弟？

领导级：几乎所有人都听你的，你主导着大家的方向。

主管级：有发言权，有决定权，能分配大家任务。

普通级：在群体里面既不显眼也不突出，偶有表现但不是非常亮眼。

配角级：只有听人说的份。

跑腿级：只有听从办事的份。

当然，最牛的是神人级，一呼百应，连领导都会频频点头。

只有面对现实，我们才能进步。最伟大的人，会先认识自己，知道自己的分量，不会做出超过自己能力的事。只有知道自己力量上的限制，才能慢慢补足，不断超越。

④ 好印象胜过一切

的确，我们短时间内确实赢不了那些厉害的人。我在年轻的时候，曾想过自己一辈子应该都无法超越那些人了吧！可是我没有放弃自己，我尽量让自己学习更多知识，花更多时间反思与练习，就算能力上不会马上追过别人，但至少我比任何人都有礼貌，更诚恳，也更努力。

我们可以很笨拙，我们能力或许有限，但是至少我们可以给人一个好印象。如果你没有办法体会别人的感受，那么永远都不会成为真正拥有巨大影响力的人。

4. 打造你的影响力

影响力是一种重要的能力，它包含了领导、魅力、说服、沟通、行动与实践的力量。我们常听到有人希望做一个有影响力的人，是因为人人都想主宰自己的生命，希望能够在生命舞台上演得漂亮。想要活出精彩，首先就要拿回自己的主宰权，让自己扮演的角色越来越重要，甚至可以影响别人。

要做一个能影响别人的人并不容易，除了权势、金钱之外，影响力大多来自自身的不断修炼。我们可以从有影响力的人身上看出端倪，他们一种是因为外在条件而产生的影响力，比如刚刚提到的财富与权力，不过我们也看到这些人会随着外在条件的消失，彻底消失在人们的视线之中。另一种是内在真才实学的影响力，他们举手投足之间散发着迷人的魅力，说出的话有理有据，做出的事让大家无不折服，这样的人一直到生命的最后一刻，都能使人不断保持敬意。

（1）尽早开始储存影响力货币

影响力就像是自己最大的财富，无论到哪里都派得上用场，但是要如何开始自我修炼，要怎样才能让自己深具影响力呢？我建议大家可以从"存钱"开始，这里的钱不是普通的钱，我称之为"情感货币"。想让自己有影响力，我们至少要尽早存下这七种成长货币。

自觉货币：这种货币需要我们不断地去自我探索，透过工作、生活不断了解自己，同时不忘记关心别人，学习设身处地地为人着想。

格局货币：这也是我们常听到的气度，也可以引申成气质。凡事着眼大处，关心大局，但是也留意局势发展，注意小细节。

信用货币：信用是最难累积的资产，再好的信用也会因为一句谎话归零。我们要谨言慎行，承诺的事，做不到的绝对不要答应。

知识货币：这是最容易累积的，只要你愿意阅读、聆听，就能快速累积这部分的财富。但是切记，我们讲过很多次了，尽信书不如无书，阅读之余也要懂得思辨才行。

修养货币：能够虚心、谦逊地面对事情，尽量能做到平心静气、虚怀若谷。

反思货币：每天要懂得反省、自我改善，对于别人的真挚建议，虽然会使自己不开心，但仍要学着心存感激，学会勇于承认错误。

梦想货币：不只动口，更多动手，广泛地从做中学，争取参与和实做的机会，逐步累积自己的实战经验值。

（2）四个修炼，让自己更有影响力

当我们在准备储存七种成长货币时，最害怕的就是意志力不足，最终导致半途而废。《最重要的事，只有一件》是由加里·凯勒（Gary Keller）和杰伊·帕帕森（Jay Papasan）共同创作，他们在这本书中提到，以下这些因素会消耗个人的意志力，当一个人无法控制这些因素时，做什么都不太容易成功。我参考东方人的习惯，将它们稍微改写了一下：

- 培养新习惯
- 面对诱惑
- 尝试引起他人注意
- 压抑情感
- 抑制各种侵犯
- 在长期回报与短期利益之间作抉择
- 抵抗干扰
- 面对考试或测验
- 战胜恐惧
- 做不喜欢的事
- 防止自我冲动或自我压抑
- 面对有奖励条件时

在我看来，这就像是一份速成的修炼清单，要让自己升级、变得更有影响力，就要先破解这些短处。每一个人的主观和客观环境不同，但是基本原则却大同小异，想要学习破解之法，那就先将自己的被动学习转为主动探索。

① **别让问题制服你**

别轻易被打败，遇到问题，脑里应该浮现的是积极寻找解决办法，这是面对各种问题最基本的心态。比如遇到新环境、出现干扰或是面对各种压力时，深呼吸一下，让自己冷静一点，假想一下"如果我是……，我会怎么做？"或是分析一下问题的源头，抽丝剥茧寻求化解困局的良方。

② **可直接控制的问题，学会改变自己的习惯**

有一些问题，自己马上就可以处理，但在处理这些问题的同时，也思考一下这些问题发生的原因跟自己有什么关联？如果想要避免问题再次发生，最简单的方法就是改变自己的某些坏习惯，这才是一劳永逸的做法。

③ **可间接控制的问题，学会改善我们的影响力**

遇上需要间接处理的事，比如要仰赖他人协助，这时候就是磨炼我们影响力的最佳时机。平时与人互惠，这时候你将会得到收获；平时施恩于人，此时将会有所回报；如果平时什么都没做，那么你就必须急中生智，想方设法说服对方，这种实战经验会快速提升你的经验值。

④ 无法控制的问题，学会改变我们的心态

天有不测风云，人有旦夕祸福，有一些事我们无力回天，这时候只好改变自己的心态。比如说，我有一位学生是妥瑞氏症（Tourette syndrome）的患者，经常会出现间歇性抽动的小动作或是声音。这个病已经是注定无法更改的事实，但是他却利用这个疾病，让自己变得更引人瞩目。

他在开学第一天，就对全班自我介绍说："大家好，我叫……，是个妥瑞氏症患者。虽然我个子不高，但你们一定会感受到我的存在。因为妥瑞氏症的影响，上课时你们可能会听到我偶尔发出咕噜咕噜的声音，别怀疑，那就是我。是我在告诉大家，我还醒着，我没有偷睡觉哦！"

（3）组建自己的小团队，成为分享小领袖

建议在我们成长的过程中，要有一个自己的同修圈子，可以是五个人或是十个人。

① 定期组织同修会内部的主题成长活动，例如主题阅读、技能培训、城市旅行，等等。

大家可以利用周末的时间，一起阅读，一起学习烘焙插花，或是一起到公园散步，当一群伙伴在一起的时候，大家可以互相监督，彼此鼓励，陪伴的力量是最温暖的。

② 同修会内部技能分享活动

每个小伙伴的身上都有自己独一无二的技能，有的小伙伴擅长沟通，那么他就可以来教大家职场上的沟通术；有的小伙伴擅长写作，他就可以教大家如何撰写邮件；有的小伙伴擅长收纳，他就可以教大家如何进行整理；有的小伙伴擅长理财，他就可以教大家人人都受用的理财术。

当能够从同伴的身上去学习时，你会发现我们的伙伴身上藏着源源不绝的宝藏！

③ 邀请身边的榜样和达人，来到自己的城市分享

当同修会发展到一定规模时，可以邀请自己城市里颇有影响力的榜样和达人，到同修会中来分享他们的成长故事。我们在链接嘉宾的过程中，就锻炼了我们的组织沟通和分享的能力，同时也可以在分享会中自己担当主持人的角色，这对于我们未来的成长都是非常重要的锻炼。当我们缺少舞台时，就给自己搭一个舞台！

帮助别人，成就自己

分享者亦是最大的受益者！

学习后制订分享计划：

1. 撰写复盘文章发布到朋友圈或是微博等社交媒体

2. 邀请亲近的朋友举办小型分享会

3. 将自己的经历分享给身边最亲密的家人或伙伴

4. 将分享的内容录制成音频，播放给自己听

第 三 篇

造

梦

DREAM IT DO

CHAPTER 1

设 立 疯 狂 的 梦 想

1. 疯狂的梦想更容易实现

在积累了前面这些小的里程碑之后，我们就可以尝试畅想更大胆的梦想。因为有的时候，一个疯狂的梦想比一个平凡的梦想更容易实现。因为在那些疯狂的梦想中，隐藏着你的热爱和格局。而这样的梦想，在你决心出发的那一刻，已经拥有了实现梦想所需的燃料。

故事案例

婉萍的全国社群梦

2015 年，有一次，在向一位投资人介绍我们的社群规模时，我准备了一页 PPT，在这页 PPT 上面，你可以看到，金黄色的行动派社群遍布全球。

我的助理看了就问我说："婉萍姐，咱们现在（2015 年）在全国的社群其实不到 20 个，这么写是不是有点夸张了？"我笑了笑说："这就是我们的梦想清单呀，梦想是没有国界的，我相信它一定会实现。"

因为只有当我们内心真的是这样梦想的，才会这么有动力。所以，一直以来，全球社群梦一直在我心里，2017 年，这个梦想就已经显化成真了，我们的社群在海外已经落地了十个国家！

所以，放掉限制性信念，去做你最真切、最疯狂的梦想清单吧！

地球

中国

当你把自己看得很小的时候，事情就会变得很大
而当你把自己看得很大的时候，事情就会变得很少

2. 怎么列天马行空的梦想清单

疯狂的梦想往往还藏着我们没被发现的潜能，当你一旦成功实现了一个疯狂的梦想，将会拥有巨大的成就感，它将像滚雪球一样，为你铸就更大的梦想。那些改变世界的人，很多都是从一个疯狂的梦想开始的。

没有钱，能力不够，没有人脉，没有经验，没有资源，没有信心……仔细翻看一下过去的梦想，哪些是因为局限性思维而没有实现，让我们去掉一些常有的局限性思维，重新天马行空地畅想吧！

从不同的角度，列出你的清单。

我们为大家提供了一个框架：

事业：你希望在事业上的规划。比如，成为某个领域的专家……

健康：你希望在健康上达到的。比如，拥有健康迷人的身材……

人际关系：你和其他人之间的关系。比如，结交五个优秀的同频好友……

乐趣：你希望拥有怎样的趣味生活。比如，学会跳街舞……

自然：你和自然世界的关系。比如，今年我在植树节亲自栽种十株树苗……

教育：你希望在教育上如何提高自己。比如，去英国剑桥大学留学……

环境：你如何设计身边的环境。比如，在自己的家里进行一次断舍离整理……

服务精神：你能为其他人做什么。比如，参加一次社会创新活动……

当我们在这八个面向都有所梦想和行动时，我们的人生将变得更加平衡和完整。

CHAPTER 2

四 个 天 马 行 空 的
造 梦 术

1. 找到自己的梦想原型，以梦筑梦

我发现，每当我们在成长过程中遇到困惑的时候，大自然就是我们最好的老师。我可以带着这个困惑，在旅行的途中，从自然界中寻找答案。

有一段时间，我一直在思考一个关于社群运营的问题：如何把这群志同道合的人聚合到我们社群，让他们在这里生根发芽，绽放最好的自己呢？在一次参加环勃朗峰徒步中，自然

给我了最好的答案。

这是全球最美的徒步路线之一，沿着阿尔卑斯山脉，从法国穿越瑞士，再到意大利，最终回到意大利。我们每天都会路过无数的山丘，而每个山丘都有一个自己独立的生态环境，比如这一片山丘，开满了紫色的花朵，而另一片山丘却长满了挺拔的松树。

看着它们，一个问题冒了出来，为什么这一片山丘会聚集这么多紫色的花朵，而花朵也愿意选择在这里绽放呢？那一瞬间，内心有个声音回答了这个问题：真正的答案，在于土壤。

只有营造最适合的土壤环境，才能让种子在这里生根发芽。当我们能打造出最适合这些花朵绽放的土壤时，你会发现，这些花朵会如荷花般不停地蔓延，自然而然形成一片花海。紧接着，这片花海也会吸引很多蝴蝶、蜜蜂、小草、小树，形成一个良性的生态环境。

我终于想明白了，我们在社群运营中都把注意力集中在了外在拓展上，却忽视了土壤环境的孕育！"土壤"才是社群最重要的生命力，才会自然发酵出最适合你的那群人。

徒步回来以后，我向一位在种植方面很有经验的朋友请教，了解到土壤培养里非常重要的几个平衡点。之后，我把这些经验运用到社群的管理上，也终于迎来了社群新的沉淀和飞跃！

有一次，我和李欣频老师到南美旅行，来到了一座被遗忘的天空之城——马丘比丘。欣频老师说："你看，这不是很像你在创业吗？你在打造一座属于自己的城市，首先你要找到一个安全的领地，这样才能防止商业上的竞争，同时你需要联合不同类型的有能力的人，来帮助你建造这座城市，有人负责城市文化，有人负责建筑，有人负责水利，有人负责农业……"

创业一定不是闭门造车，而是一种共同创造，如果你能够在马丘比丘这样宏伟的梦想原型上，再去搭建你的梦想，那么你就打造了很棒的梦想地基。让自己在实现梦想的过程中，更加地稳扎稳打，这就是借梦造梦的概念！

回来之后，我认真回想了一下，的确，在我自己人生成长的过程中，我也常常借助别人的梦想原型来找到自己实现梦想的路径！

比如，我想要出版一本书，可是我并不了解如何成为一名优秀的作家。但当我看到自己最喜欢的建筑大师安藤忠雄的自传时，我发现了一个成为优秀建筑师的梦想原型：从来没有学过建筑的他，在环球旅行的途中找到了灵感，然后不断地练习。看到值得改造的空间，就勇敢地去提案。在这个过程中，他积累了很多的经验，慢慢地得到了一些机会，完成了他的代表作品"住吉的长屋"，也因为这件作品，他抵达了人生成长的一个高峰。

在这个梦想原型中，我发现了成为优秀作家的秘密：不断地去练习，有机会就去写，积累自己的经验，勇敢地去旅行，在过程中获得灵感。就这样，我真的也得到了很棒的出版机会。

这就是一种"以梦造梦"的练习。如果你有一个梦想，可是你并不知道怎么去执行，那么不妨试着这样做：

Step 1

选定一个梦想，找到一个和这个梦想接近的梦想原型。

比如
我的梦想：幸福地打造一所帮助所有人实现梦想的魔法大学
梦想原型：迪士尼乐园

Step 2

解析这个已经成功的梦想原型背后的实现路径，观想这个梦想从 0 到 1 是如何一步一步搭建的。

每次到迪士尼游玩时，我都会把自己当成迪士尼乐园的建筑师，首先我会想，如何找到一块空地？当我拥有这块空地的时候，如何借助周边环境以及动画里的角色把这个梦幻城堡搭建起来？每一个园区，他们彼此之间又是如何串联的？接着再去观察每个园区的细节，如何在里面安排游乐设施，让大家玩了一次还想再玩，并且使游客每一次来都能发现不同的惊喜？

Step 3

在观想的过程中收集灵感。

迪士尼最开始为大家提供的，是各种各样的动画片。在有了动画素材的积累，并且也获得了大家的喜爱后，才开始把动画转化为现实，想要建造一所梦想大学。最重要的，是前期学校教学内容与板块的积累。寓教于乐，才是最好的学习，同时要思考，如何使大家在游戏的过程中也能获得成长。

Step 4

解析有效的行动路径，并把它列为自己梦想的行动计划。

✦在全球各地找到最棒的老师，请他们成为梦想大学不同学院的院长！

✦认识建筑设计师，向他们学习建造的艺术

✦游戏化教学是未来新的发展方向，可以多多探索这方面的内容，阅读这方面的书籍

......

就像马丘比丘这座天空之城，如果你也想要建造一座宏伟的建筑，那么你可以在这里找到从 0 到 1 的梦想原型，在这个基础之上，以梦造梦，相信每个人都可以找到属于自己的领地，完成所有的梦想。

2. 装上造梦家视野，时刻造梦

什么是造梦家的平行宇宙视野？就是在同一时刻，带着多种不同的视角去观察眼前的一切。这个方法可以让我们时刻活在为梦想赋能的状态中，开启平行宇宙，丰富我们的梦想想象力。

比如，当我和同事去一家咖啡厅开会的时候，如果我只是带着"负责人"的身份在开会，那么我的思维就局限在"项目如何推进"上了，但如果我同时带入一个建筑师的角度，在我走进这个咖啡厅的时候，我就会想，为什么这里分成两层，有无烟区和吸烟区？带入一个消费者的角度，我会想，这家餐厅的餐谱为什么这样设计？带入一个装修者的视角，我就会注意到这里用了一盏非常美的吊灯，下次我家装修的时候，或许也可以这样选择。带入一个老板的视角，我就会畅想，如果我以后要开一家咖啡厅，可以学习这家咖啡厅的哪些长处？

再比如，很多人都爱逛书店，一次我和朋友一起去诚品书店，他们一进去就扎进了书里，而且很快就逛完了。但我在里面找到了很多灵感和燃料，当我看到一个很棒的封面设计时，马上拍给我们公司设计负责人，"或许下一季周边可以走这种风格"。在瞄到一个圣诞的选题时，我就想到"欸，我们公司最近也该筹备一场圣诞活动了"，于是我就发给了我们的人事部负责人。同时，我还看到诚品书店分成了好几层，第一层是餐饮，第二层是文创，它为什么这样设计？如果我之后要开一家梦想书店的话，是不是可以借鉴这样的思路，引进各种优质的梦想家品牌。就这样在一个小时逛书店的时间里，我创造了许多不同的梦想灵感。

所以，回看和我一起逛书店的同事，她们是没有梦想吗？不，她们每个人都有自己的梦想清单，并且在为之努力着。但为什么在逛书店的时候，她们无法看到这么多梦想灵感呢？关键就在于——是不是开启了造梦家的视野，有没有把种下的种子植入脑子里，让它随时分身出不同的视角，从日常生活中的任何时刻都能汲取出养料。

示例：

造梦家视角 / 场景	当我和同事去一家咖啡厅开会
负责人视角	项目如何推进
建筑师视角	这个咖啡厅是如何设计的？它为什么分成两层，有无烟区和吸烟区
消费者视角	这个咖啡厅的餐谱为什么这样设计？
装修者视角	这个咖啡厅有一盏非常美的吊灯，下次我家装修的时候，或许可以选择这种吊灯

3. 制作梦想板，遇见未来

视觉化的力量

曾经有个实验：两组练钢琴的人，一组就像平时一样正常地练习，而另一组每天练钢琴前都会先想象一下自己是钢琴大师。经过一段时间的练习，这组经过想象练习的练习者比第一组练习者练得要好很多。

这就是视觉化的力量，它让我们先看见梦想的发生，而后就更有动力将它在我们的现实中显化成真。而梦想板，就是把梦想清单的文字，以视觉化的方式呈现，这样可以加大梦想实现的概率。

梦想板制作指南

梦想板　　**Step 1**
书写梦想清单

根据梦想清单，列出梦想实现的标志性事件和实现梦想的行动、计划。

Step 2
根据标志性事件收集图片

收集途径：杂志图片、网络图片、生活照片等

收集方向：未来憧憬和美好过往（已经实现、成功的经历让你能够激发出更强的行动力）

Step 3
准备梦想板制作工具

空白梦想板：梦想板的形式有很多（必备：A3 白纸，备选：软木板、铁架子、手账本、A2 白纸）。

剪刀：用于剪下杂志或者照片作为拼贴素材

固体胶：用于粘贴素材到空白梦想板上

Step 4
挑选心仪的图片和照片，剪贴到梦想板上

在手机的素材中，挑选让你怦然心动并符合梦想实现的标志性事件的图片或照片。把素材剪出你想要的形状或大

255

小，随心构思梦想板的整体编排，先粘贴大背景图，再粘贴细节图，空白的部分可以粘贴一些加油贴纸或明信片装饰，让梦想板更加特别！

Step 5
分享、相互支持

梦想板制作完成后，可以和身边的伙伴们相互分享，每位伙伴分享结束后，其余伙伴一起给予击掌鼓励："你的梦想一定会实现的！"

Step 6
把梦想板放在家里或办公室最显眼的位置

你还可以在手机里建一个"梦想相册"，随时随地拿出手机都可以看到自己的梦想。

4. 梦想演讲，未来演出来

一个让现在的自己无限地接近未来的自己的好方法，就是"演出来，成为他／她"。在写完梦想清单、做完梦想板之后，进行一场"跨年演讲"，可以帮助我们"看到"已经实现梦想的那个未来的自己。

怎么做跨年演讲？

① 选定你的跨年演讲主题。

先天马行空地列梦想清单，然后删掉那些并不是非常怦然心动的梦想，最后留下一个，作为你跨年演讲的主题。

② 设计你的跨年演讲表演。

围绕你的梦想主题，从各个方面去想象"当我实现了这个梦想，会发生什么？"

③ 邀请你的朋友们，一起举办一场跨年演讲。

　　大家好，我是超级畅销书作家婉萍，很荣幸，我的书帮助很多迷茫的年轻人，走出了成长的框架，找到了他们的梦想，活出了不同版本且充满热情的人生，现在的我已经完全实现了财富自由，可以随心所欲地拥有自己怦然心动的物品，也可以常常支持公益的发展！这种自由而富足的状态，令我非常幸福。

　　我所写的成长三部曲和旅行成长系列，也很荣幸进入了中国图书畅销榜的前十名，接下来也有望被翻拍成电影，马上这些书籍要在世界各地出版，我也将代表中国的作家在世界各地举办我的巡回签售演讲。可以一边演讲一边环游世界，让我觉得自己的生命更有价值！

　　这一路，我要感谢所有朋友，对于我无私的帮助，感谢家人对于我的倾力支持，可以让我尽情地享受生命的旅程，做我自己想做的事情！很荣幸，我可以和自己欣赏的人成为无话不谈的朋友，可以在世界各地遇见不同的、有趣的灵魂，为人类生命的发展和进化做有意义的事！

我在泰国和日本，都拥有自己的写作博物馆，欢迎大家来我的博物馆参观，最后我也祝福大家都可以成为无所不能的天赋玩家，实现人生所有的梦想清单！

在这里，大家可以天马行空地展开想象：当我们实现了一个梦想后，我们将拥有怎样的生命状态？尽可能地描绘，越细致、越清晰越好。可以从看、闻、触、听等各个层面去体验你已经实现梦想后的生活！大胆地阐述，这就是你全然享受的舞台！

取行动，梦想才生动！

预演你的百年诞辰

跨年演讲是一年后的预演，有些小伙伴可能放不开想象力，总会拿现在的自己去推算一年后的自己。如果你有这样的困扰，不如让我们把时间线再拉长一点，直到一百年后的那个自己，又会获得完全不一样的视角。

Step 1

想象一下，你希望一百年后，人们会怎么回想你、缅怀你？当你过百岁生日时，人们是怎么祝福你的？又是如何回忆述说你的百年传奇故事的？

如果你一下子无法想象那个画面，没关系，我们为你准备了一个提示表，你可以尝试跟着下面这些提示，填写相应的关键词，请放松大胆地去想象，描述得越具体越好。

项目	详细说明	相应的关键词
演讲者	你希望你的百年诞辰是由谁来演讲，可以是你的家人，也可以是你生命中其他重要的人。	
领域头衔	想象你的梦想清单早已完成，之后你依然致力于哪些领域，也取得了一定成就，请写下几组关键形容词和领域角色，比如致力于传播梦想清单的教育家。	
成就荣耀	想象一下，你实现以上人生使命的过程中经历了哪些故事，成就了哪些里程碑事件。比如梦想清单的全球巡回演讲。	
受益人群（到场嘉宾）	你的成就荣耀事件会给哪些人带来哪些改变呢？是否也对社会产生某些积极影响？并且，他们也有很多代表纷纷前来为你祝贺生日。	
环境氛围	你希望你的百岁诞辰在怎样的环境或场所下进行？整个演讲是怎样的感情基调？	

Step 2

呼吸，试着让自己平静下来，结合以上关键词，闭目想象一下，此时此刻，你已经穿越到了你的百年诞辰现场，感受一下你处在一个什么样的环境？现场有哪些熟悉而亲切的面孔？台上站着你生命中最重要的人，他 / 她开始满怀感恩地演讲，而你带着幸福而满足的笑容，正静静地听着他 / 她讲着你的百年故事……

当你的脑海中不断地有画面与灵感出现的时候，可以睁开眼睛，开始书写属于你的百年诞辰演讲稿。

百年诞辰演讲稿

CHAPTER 3

设 计 你 的 梦 想 蓝 图

我们必须花时间仔细想想，让自己飞得更高的方法。

我在课堂上，经常不经意地问大家："想过这个问题没，各位五年后想做什么？"这时候，很多人才开始停下来思考，对啊！我现在这么忙碌，到底是为了什么？现在忙碌的这些事，与一年后、五年后甚至十年后的目标一致吗？如果不一致，五年后我又会有什么收获？

聚焦一件事，奋力用五年的时间去完成，跟混日子，浑浑噩噩过五年后相比较，前者肯定更有收获一些。无论成功还是失败，这段时间都累积了明确的经验值。花点时间沉淀心情，好好思考并规划自己未来要做的事，这个动作比什么都重要。

我该怎么做？不要等，马上行动。
认识大环境、预估未来趋势。

不要只关注当下，至少要把眼光放在一年之后。道理很简单，你抓住现在，不过是在追赶别人，在别人成功的基础上与其竞争，赢面相对少。抓住未来，创造新局面，那么连对手可能也未必有把握赢你。

认识自己的天赋能力，锻炼自己的长处。

未来趋势已经看到了，但是没能力抓住也是枉然。一方面要多认识自己，观察擅长的是什么，另外一方面我们要精进能力，不断地自我超越，逐步迈向专业之路。

建立自己的堡垒、基地。

我的书桌、我的工作室、我的办公室、我最常去的咖啡厅，这些都是我最重要的战斗基地。我在这些地方放置大量数据、参考书、计算机和爱吃的食物、咖啡、运动器材。在这里，我可以好好地思考，安静地工作，深化每一次努力。

各位也可以设定一个属于自己的"基地"。

储存各种有用、可能有用的能量。

大量阅读、吸收经验、旅行、跟随高手、向大师与前辈学习……无论如何，请不断累积更新更有趣、更有用的数据，而且找个好方法把这些记录起来。笔记本、专用网络空间等都是不错的储存空间。

排除干扰物，别让它们拖慢你的脚步。

近的干扰物，比方说你花花绿绿、乱七八糟的书桌，每次工作都会让你分心。中间的干扰物，像是嘈杂、不安全、不舒服的环境。远的干扰物，例如纷争的人际关系、麻烦的同事、不认同你想法的爸妈，等等。先想办法处理这些问题，你才能大展拳脚。

选择我的人生剧本，列出我的梦想清单。

列出一份清单，告诉自己我想做什么。这份清单应该包含短中长期的目标，应该有娱乐、休闲、知识以及所谓"人生大梦"的各种等级类型。筑梦先做梦，要给自己时间去做梦！

行动！从小事情开始累积，然后逐步扩大。

你可以再花一年去想，也可以马上动手。再想一年，我们还站在原地，但是开始动手，无论累积的是什么，你都会有点收获。做吧！先从周围小事开始，累积成功经验，一阶一阶地往上爬，这才是成功的秘诀。

永远不停止学习。

只要世界在不断变化，我们就没有办法停止学习，不然可能马上就会与世界脱节。学会设定各种学习管道，经常发掘新的学习方式，让自己常保新鲜，永远充满活力！

聚焦能量，精准瞄准。

经过分析与规划，我们能分辨什么是要先做的，什么是无关不需要做的事。如果时间、资源有限，要聚焦自己的所有能量，把一件事做到透彻、做到极致。

学会分享，不吝分享。

分享好点子，那我们的智慧岂不就被偷了？从某方面讲，关键的私密想法当然不轻易说出去，可是多数学习到的知识或是自己的成功经验，却可以透过分享越磨越亮，越分享自己的脑子就越清晰。而且透过分享和给予，你会交到更多的朋友，有助于拓展自己的人脉关系。

增加影响力，让自己在群体里的重要性不断提升。

影响力跟我们说的话、做的事有关，如何让自己慢慢变得重要，就要提升自己说话的内容和做事的层次。对于自己的专业持续进修，经常储存前面提到过的七种货币，自然能渐渐让自己变得更有影响力。

取得所有人的支持。

一个人的奋斗是孤单、寂寞的，有机会应该花时间和同事、朋友、亲戚讨论，取得其他人的信任与支持，这样使自己在心理上就会多一个伴。当我们成为领导时，更该花时间与同事讨论，不要自顾自地往前冲，要尽量学会与大家手拉手往前冲。

增加人生剧本、梦想清单的厚度。

很多人已经开始拟定与执行自己的梦想清单，在人生道路上，这些已经完成的部分，慢慢累积成为自己履历的一部分。做完了，给自己时间检讨与反思，那么下一步该往哪里走呢？下一站要奋斗的目标，要设定在什么地方呢？也许不知不觉中，精彩的人生就会自动累积出它的厚度。

体验自己的富足人生。

生命的完美，在于经济自主、财富自由、健康自在、心灵充实。努力的时候，均衡健康与事业，不要忘记照顾身边的同事、朋友和家人。完美的人生，不是独自开心，而是让你周遭的人与你一起幸福。

我还要

（这里，就留给各位自己来写，自己的人生规章，就该由自己来写！）

给自己更多机会做梦吧！
活出非凡的生命体验，打造独一无二的梦想故事！

案例分享

梦想清单会创造你全新的小宇宙
——行动派践行梦想清单的历程

回想从 2014 年我和琦琦创建行动派以来，它已经成为我们不断践行梦想清单的共益体。从零开始到估值过亿，从零关注到覆盖全国 300 多万用户的新媒体矩阵，从零到全国 200 座城市 450 个自组织，每年近 3000 场学习活动在全国各地开花，从零到世界级的老师都纷纷加入我们的课堂和舞台，这整个过程也是我们的梦想清单不断实现的历程。

生发这一切的第一个梦想清单，其实来自一个很朴素的愿望：我们希望能把厉害的人请到厦门做分享。因为当时我们生活在那座城市，我们认为我们应该一生都会在那里度过，于是我们希望以自己擅长的方式尽可能地去帮助这个城市里上进的朋友。我和琦琦都是做媒体和公关出身，举办活动是我们的专长，于是我们就把各种各样优秀的人列入我们的梦想清单，邀请他们到厦门来这座城市分享，罗辑思维和得到 APP 的创始人罗振宇、最强大脑的主持人蒋昌建、全球第一个商业创意奖金投资的创始人贺欣浩、世界著名电视节目主持人靳羽西等都曾是我们的嘉宾，也是我们在梦想清单中——打钩的名人。

　　而李善友教授是这个清单里较难的选项，那时候我和琦琦因为经验和资源丰富，就自己创办了公关公司，但我们并不太懂经营，不理解创业究竟该如何去做才能获得成功。于是在朋友的推荐下，我们报名了颠覆式创新研习社的课程，也就是混沌大学的前身，成为第一期学员。从那时起，只要李善友教授开课，我们一定会跟随学习，我们就像海绵一样吸收着创业的知识。这段学习经历对我们影响很大，使得懵懂无知的我们对创业的方法论有了了解，并且通过运用形成了自己的理解。在此，真的无比感谢善友教授，在我们心中，他是近代中国影响一代创业者的核心人物和导师。

　　在不断追随学习的过程中，我们也看到研习社在发展初期对于课程执行所做的改进。因为我和琦琦都很擅长做国际会议、论坛以及大型晚宴、商务活动，所以课程现场的执行对我们来说是非常驾轻就熟的。然而，对于刚刚成立不久的研习社团队来说，仍然处在一个探索的阶段。在一次上海的课程中，由于酒店音箱不够完备，现场的传音出现了很大的问题，坐在中后排的同学几乎听不清台上老师的声音。当时在场的同学们很多是全国各地飞来的创业者，百忙之中抽空来学习，通常遇到这样的情况应该会气愤，可是当时，现场没有一个人抱怨，每个人尽可能往前坐，没有发出一丁点声音，就是为了能够听善友教授讲课。当时我们也在现场，亲眼看见了这一幕，让人震撼又感动。

也就是那一次课程后，我们萌生了一个最重要的梦想清单：邀请善友教授来厦门办大课。我们希望给老师一个更好的舞台，并且重塑课程的执行标准，让老师每一次的分享都拥有完美的课程细节，让学习者和老师都在享受中获得学习的快乐。

但是，整个邀请过程并不算顺利，当时善友教授只在一线城市开课，同时他也不认识我和琦琦，因此婉拒了我们的邀请。可是我们没有放弃，找了很多创业者朋友，他们之中很多也是善友教授的学生，请他们来帮我们说服，同时也表明我们的心意，希望能帮到善友教授的课程团队以及帮助福建的企业家们学到优秀的创业知识。

最终，善友教授被我们打动，他对我们提出了一个会员到达率的要求，本以为我们会打退堂鼓，但我们马上就答应了，后来也听研习社的朋友说，善友教授被我们的真诚打动，也想帮我们一把，他想如果我们实在不能组织大课的话，他也还是会来厦门支持我们的梦想的。

对于善友教授的这一举动，我们充满了感激，而我们确实也达成了目标，甚至超出了善友教授的期待。直到现在，我还记得那是在厦门会议中心的海峡厅，是我和琦琦常常举办活动的地方。当天，我们迎来了一千五百位创业者和企业家，那场课程的会务工作很完美，全场观众和志愿者、工作人员一起创造了无比美好的课程环境，成就了两天精彩绝伦的课程。

在那次课程中，善友教授也看到了我和琦琦的努力和用心，看到我们在用理念创造出的一个全新的学习社群，他深信我们的起心动念会成就一番事业，于是他在大课上鼓励我们说，你们不用做任何事，你们只要把行动派做好就可以拥有全世界。

当时，我和琦琦只是两个在二线城市创业起步的小姑娘，我们从来没有想过会受到国内一线创业教授的肯定，这个鼓励一下子激发了我们的梦想。更让我们想不到的是，就在课程结束的第二天，善友教授的合伙人曾姐来找我们，给我们打了一笔过百万的启动资金，让我们专心做行动派，寻求更大的发展。

能够拥有天使投资人是我和琦琦一直以来的梦想清单，我们没有想到突然就实现了，还没来得及去起步，梦想就展开了蓝图。在我们帮助企业家们实现学习的梦想清单中，在帮助善友教授实现完美大课的梦想清单中，我们也无意中实现了自己的梦想清单，不仅得到了天使投资，还得到了善友教授这位全中国极具影响力的创业导师的投资。那一刻，我们终生难忘。

再后来，我们成立了行动派，全身心地投入社群的搭建，也实现了一个又一个的梦想清单，我们搬到了深圳，我们得到了机构投资者的认可，刚刚起步就估值过亿，我们在深圳南山最核心的地段拥有了一千五百坪的办公场所，我们从四个人的团队一路成长到现在的一百多人，我们还有了自己的校区，我们将社群和教育发展到了海外。一路走来，我们实现了一个又一个的梦想清单。

在众多梦想清单中，具有转折意义的就是遇到了近藤麻理惠。她是日本的一位收纳整理师，被美国时代周刊评为影响全世界的100位人物，因为她将收纳提炼成了哲学，她的书《怦然心动的人生整理魔法》发行过千万，帮助了世界上很多人走向了怦然心动的生活。近藤麻理惠也是我多年的梦想清单中的老师，我一直希望能邀请到她来中国，将怦然心动的理念推广给更多人，帮助大家拥有更好的生活理念和更快乐的人生。

而这个梦想清单正好和我的好朋友晓琳的梦想清单不谋

而合，于是她决定帮助我们。在晓琳的帮助下，我们通过日本的朋友曹蓥向近藤麻理惠发出了无数次邀请。终于有一天，对方主动联系我们，给了我们进一步举荐的机会，后来如大家所见，我们将近藤麻理惠邀请到上海的国际精英女性影响力论坛，也将她的分享会和课程在中国举办，也正是由于这个梦想清单的实现，让我们开始考虑将海外优质的教育资源引进国内，才开始有了行动派后来一系列成为行业黑马的教育项目，以及现在的行动派大学。

还记得那时候国内有上百家机构都在邀请近藤麻理惠，行动派是当中并不起眼的一家，在获得了这个机会后我们也询问过，为什么会在上百家之中坚定地选择了我们。近藤麻理惠说，我问了自己的内心，发现你们是最让我怦然心动的！我想，也许正是由于我们的发心纯粹，以及我们的行动力和诚意让近藤麻理惠有怦然心动的感受吧！

在实现一个个梦想清单的过程中，行动派不断茁壮成长，实现了我们都意想不到的蓝图，我们很明白之所以有这样的发展是因为我们的每一个梦想清单背后都有一颗共益的心，我们的梦想都不是为了攀比，成为别人眼中更好的自己而存在的，我们的梦想都是自己内心真正热爱的、喜欢的人和事，而且这个梦想清单的实现，不仅是对我们自己也一定是对他人、对社会有帮助的。

　　行动派这份事业就是我和琦琦真正热爱的梦想，把行动派做成一份长久发展的"共益事业"就是我们持久的梦想清单。也正是这样，我们开始探索如何以商业的发展来打造创新公益。

　　特别感激的是，在这个时候我们看到了一句话：这个世界上最伟大的事情，不是等着别人拿苹果给你，而是你有本事种出一片苹果树林，它可以不断地结出果实，自给自足。这句话也是我们将社群和教育结合发展的初衷，通过发展利他的教育事业，帮助年轻人成长，再以帮助人成长所获得的收入，支持公益社群的发展，形成一个自给自足的创新公益系统。让企业在发展的同时充分承担社会责任，也让公益社群在壮大的过程中通过商业的支持实现自组织发展。

　　这就是我们在尝试的创业，也是我们最重要的梦想清单，一个百年共益的商业体，一份持续成长的创新教育和创新公益尝试。想到这里，总有一种油然而生的幸福感，人生那么长，我们的梦想清单那么大，人生的后几十年有这个大愿可以追求，整个生命便充满了巨大的热情和意义。

　　我们也相信，在实现这个大梦想清单的同时，我们也会实现更多小的梦想清单，而每一个清单的实现都会将我们和行动派带入更不可思议的进程里，未来不可知，但未来会因为我们实现梦想清单而变得无比美妙。

这就是我们的人生，也是行动派社群的核心理念，每个人都应该有梦想清单，每个人都应该去实现梦想清单。

你的世界，终将由你创造。

图书在版编目（CIP）数据

敢行动，梦想才生动：梦想清单训练手册 / 李婉萍著.

-- 北京：中国青年出版社，2019.10

ISBN 978-7-5153-5866-6

Ⅰ.①敢… Ⅱ.①李… Ⅲ.①成功心理—通俗读物Ⅳ.① B848.4-49

中国版本图书馆 CIP 数据核字 (2019) 第 229428 号

敢行动，梦想才生动：梦想清单训练手册

作　　者：李婉萍

责任编辑：吕　娜　王超群

出版发行：中国青年出版社

经　　销：新华书店

印　　刷：北京中华儿女印刷厂

开　　本：787×1092 1/32 开

版　　次：2019 年 11 月北京第 1 版　2020 年 1 月北京第 2 次印刷

印　　张：9.875

字　　数：350 千字

定　　价：69.00 元

中国青年出版社 网址：www.cyp.com.cn

地址：北京市东城区东四 12 条 21 号

电话：010-57350346（编辑部）；010-57350370（门市）